難解に見えるのに超気持ちよく解ける

感動する図形問題

教育系YouTuber

まさし

こんな図形問題が気持

突然ですが、以下の問題をそれぞれ10秒間考えてみてください。難しい公

Q.

長方形の面積が72㎠のとき
斜線部分の面積を求めよ。

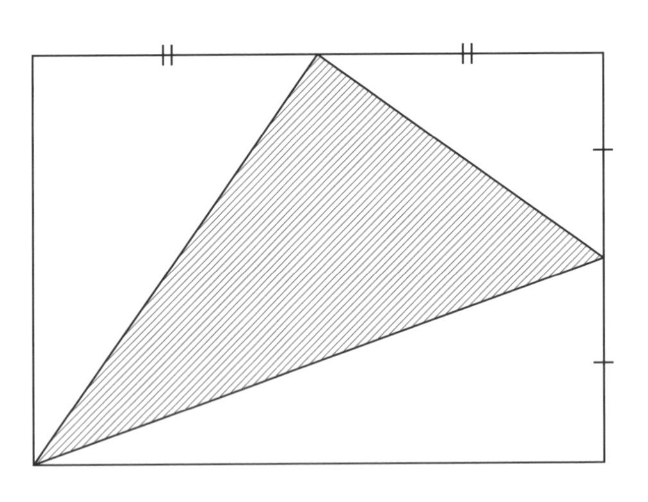

答えと解説はP19で確認しよう

いかがでしたか？　難しいと思われた方もいるかもしれませんが、実はこの問題、「あ
落ち込むことはありません。こういう問題をあっという間に解けるようになるために、“文
の本を読んで、すっきり気持ちよく解ける“図形問題の発想力”を鍛えていきましょう！

る発想」さえ浮かべば、一瞬で解くことができるんです。もし解き方がわからなくても、

系も理系も数学苦手もハマる"選りすぐりの問題を集めてこれから解説していきます。こ

ちよく解けるようになる！

式は必要ありません！ 小学校の算数の知識だけで解けちゃいます。

Q.

四角形は長方形である。
斜線部分の面積を求めよ。

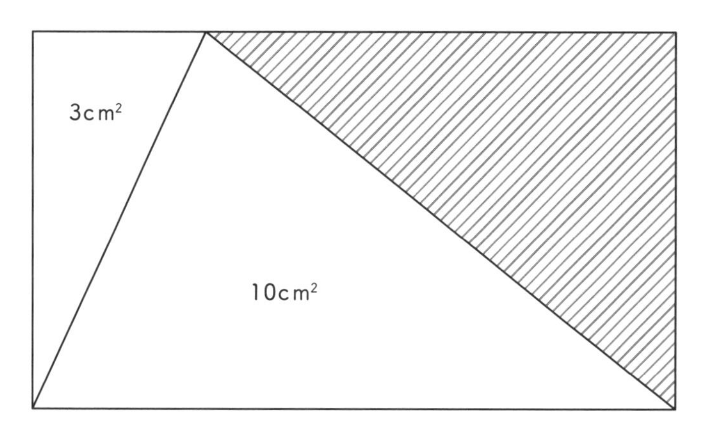

答えと解説はP35で確認しよう

はじめに

突然ですが、算数や数学の「図形問題」は好きですか?

「図形問題がとにかく苦手です」とか「空間図形は難しくてわけがわかりません」という声は、小学生から中高生はもちろん、大人からもよく聞かれます。

ですが、本書を手に取ってくださっているということは、「苦手だけど図形問題に興味はある」「"嫌い"をなんとか克服して得意になりたい」というポジティブな感情を持っている人が多いのではないでしょうか?

ここでは、タイトルの通り「解けるとすっきり気持ちいい図形問題」ばかりを集めています。読んだ後、「図形って面白いな」と思ってもらえたらとてもうれしいです。

おっと、自己紹介が遅れました。

ふだんはYouTubeやTikTokで「面白いけど何か勉強になる動画」を投稿・発信している、まさしと申します。僕はもともと数学が大の苦手でしたが、大学で数学の研究をするレベルで好きになりました（なぜそうなったかはYouTubeにあげていますので、お時間があればぜひご覧ください）。

数学の問題の中でも特に好きなのが、図形問題です。「この発想や解き方、面白い!」と感じることが多く、図形問題について

YouTubeでの発信を始めたところ、動画を見てくれた人からは「こんな解き方があるのかと感動した」「今まで数学が苦手だったけど、解説を聞いてわかると本当に気持ちいい」と嬉しいコメントをいただきました。それからさらに面白い図形問題を研究・紹介していこう！と決意して今に至ります。

本書に掲載したのは、これまでにYouTubeで解説した図形問題の中でも特に反響が大きく、「解けたら気持ちいい！」「この発想エグい！」と感じられるものばかり。動画では解説しきれなかった解き方のポイントも盛り込んでいるので、皆さんのペースで楽しく問題を解いたり解説を読んだりしてみてください。ぜひ肩の力を抜いて、パズルを解くような感覚で、ワクワクしながら読んでいただけるとうれしいです。さらに、未公開の問題も入れてありますのでお楽しみに。

受験やテストにももちろん役立ちますが、純粋な学問として数学の美しさや面白さを感じとっていただけたら……。1人でも多くの方が、図形を通して「この発想エグい！」と思っていただけることを楽しみにしています。

まさし

目次

2章 変形が美しすぎる問題

3章 やみつきになる角度の問題

4章 特殊だけど解けたらスッキリな問題

STAFF
カバーデザイン：西垂水敦、内田裕乃（krran）
本文デザイン：山﨑綾子（株式会社dig）
イラスト：アボット奥谷
組版：株式会社シー・キューブ
校正：鷗来堂
編集協力：内海礼子
編集：石井有紀（KADOKAWA）

※本書の記述範囲を超えるご質問（解法の個別指導依頼など）につきましては、お答えいたしかねます。ご了承ください。

この本のおすすめの使い方

学生・生徒さんだけでなく学び直しをしている大人も、
問題を楽しめるように難易度や解いた後の気持ちよさを示す工夫をしています。
この本を100％いかしてもらえるよう、それぞれのアイコンと
おすすめの使い方を紹介します。

難易度 ★★☆☆☆ → 問題の難易度を
★の数で示しています。
★5つが最大です。

気持ちよさ ★★☆☆☆ → 解き方がわかったときの気持ちよさを
★の数で示しています。
★5つが最大です。

Hint → 問題を考えるときのヒントが書かれています。
問題を見て解法がわからないときは
ここを見てからもう一度チャレンジしてみてください！

→ 問題を解くときのポイントや要点、
押さえておくべきことをまとめています。

→ 問題の解き方を順に説明しています。
「まさし」と「ワンちゅう」もときどき登場！

まさしメモ → 問題を解いた後に役立つことや
まさしからのメッセージが書かれています。

1 まずは問題文と図を見て、3分間考えてみよう！

どこに補助線をひけそうか？　など、メモしながら考えるのがおすすめです。
公式を思い出したいときは、「図形問題を解くための知識」（P12）をチェックしてみてください。
何かひらめくかも！

2 わからないときにはHintを確認しよう

全ての問題の下にHintを用意しています。考えてもわからないときはここを見て
解き方の道筋を確認してから、もう一度考えてみましょう。

3 解けたら答えの確認を！

問題が解けたら、まずは答えの確認をしてスッキリしよう！ 問題の次のページに答えがあります。

4 答えがわからなくても大丈夫！解説をチェック！

解説を丁寧にしているので、問題が解けなかった人も、
解説を読んで”気持ちよさ”に気づけるようにしています。

5 まとめを読んで図形センスアップ！

P187から図形問題を解くときのテクニックをまとめています。ここを見るだけでも図形のセンスがアップするつくりになっているので、忘れたときにのぞいてみてください。

復習でも楽しめる！

図形の成績をアップしたい人は、解法がすぐ思い浮かぶまでくり返しチャレンジしてみてください。図形問題を楽しみたい人は、忘れた頃にもう一度解くと案外覚えていないものです。

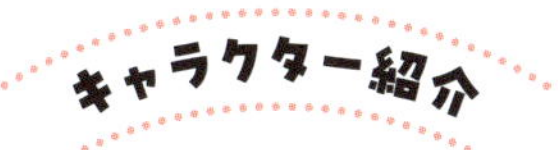

エグい図形問題を出しまくる。この本では師匠を務める。
●性格：冷静で計算が得意。
●特徴：教えることが好き。理系。変なメガネをかけている。
●口癖：「この発想エグい！」

まさしの出す問題に挑む犬。この本では弟子を務める。
●性格：元気いっぱい！ 考えるより先に行動するタイプ。
●特徴：図形問題が苦手だが、解けたときの気持ちよさは好き。
●口癖：「これ解けなくね？」

図形問題を解くための知識

図形問題を解くうえで、必要な図形の公式や知識をまとめました。
解き方で迷ったときに、このページに戻って確認しましょう。

面積

〈 四角形の面積 〉

①正方形の面積＝1辺×1辺
②長方形の面積＝たて×よこ
③平行四辺形の面積＝底辺×高さ
④ひし形の面積＝対角線×対角線÷2

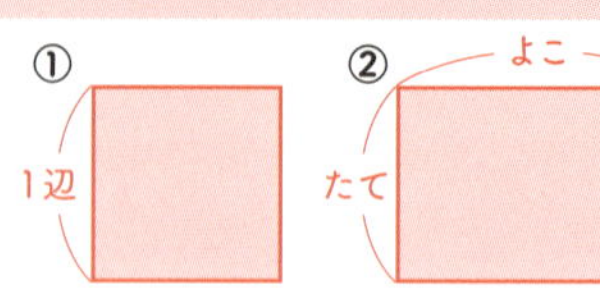

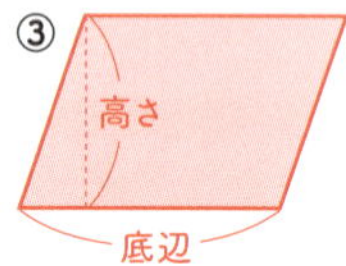

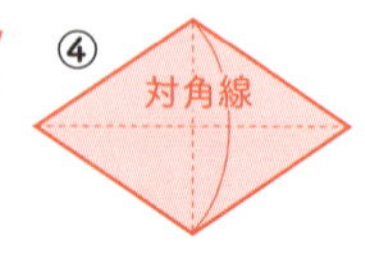

※正方形はひし形の特別な図形なので、この公式でも求められる。

〈 円の面積 〉

円の面積＝半径×半径×3.14

※本書では円周率を問題によって「3.14」「π」としています。
それぞれの問題文に従ってください。

〈 三角形の面積 〉

三角形の面積＝底辺×高さ÷2

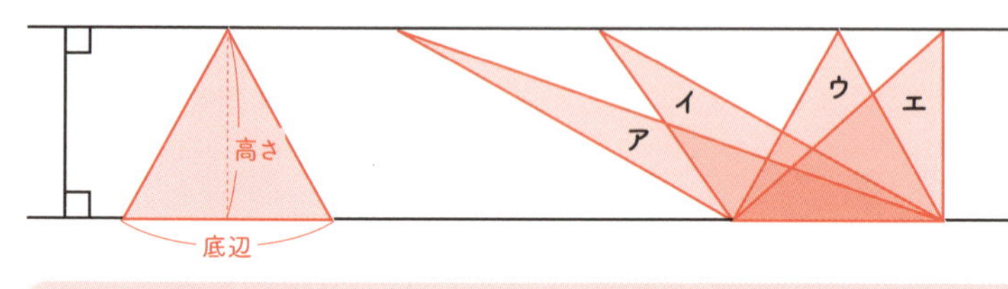

2章は等積変形を使う問題を集めています！

等積変形　面積の大きさを変えないで形を変えること。
例えば、ア〜エの4つの三角形は、底辺が共通で高さが等しいので、形は異なるけれど、面積はすべて等しい。

〈 おうぎ形の面積 〉

おうぎ形の面積＝半径×半径×3.14×$\frac{a}{360}$

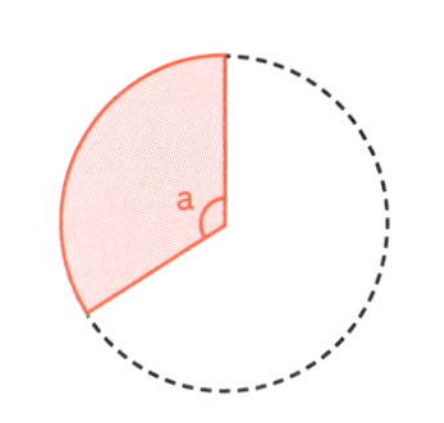

角

〈 内角の和 〉

三角形の内角の和は、180°

四角形の内角の和は、360°

n角形の内角の和は、180°×（n－2）

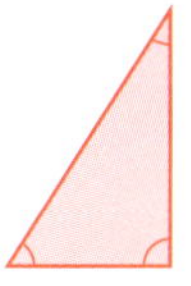

例

五角形の内角の和は、

180°×（5－2）＝540°

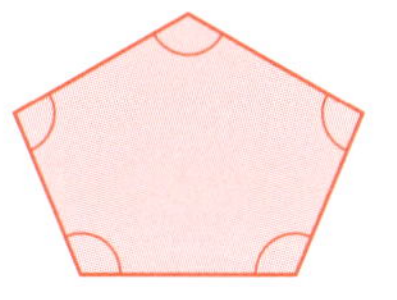

〈 外角の定理 〉

三角形の1つの外角は、それと隣り合わない2つの内角の和に等しい。

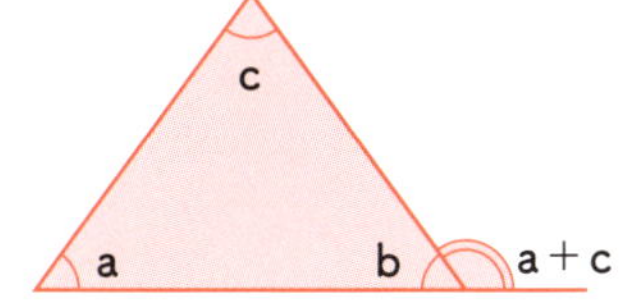

〈 直線と角 〉

対頂角　2つの直線が交わるとき、周りにできる角のうち、向かい合っている角。対頂角は等しい。

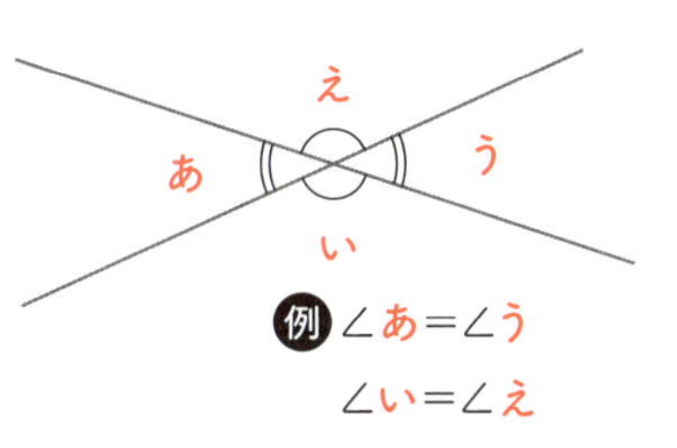

※角を表すのに、本書では∠の記号を使います。

同位角　2つの直線に1つの直線が交わってできる角のうち、同じ位置にある角。2つの直線が平行であるとき、同位角は等しい。

錯角　2つの直線に1つの直線が交わってできる角のうち、∠こと∠た、∠さと∠すのような位置にある角。
2つの直線が平行であるとき、錯角は等しい。

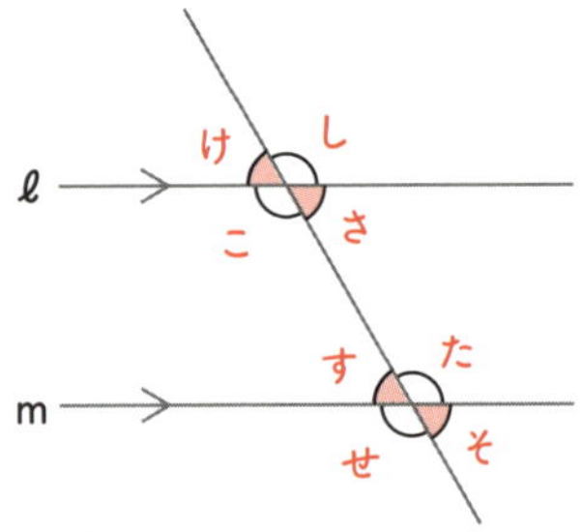

直線ℓとmは平行なので同位角や錯角は等しい。

同位角
∠け＝∠す、∠こ＝∠せ、
∠さ＝∠そ、∠し＝∠た

錯角
∠こ＝∠た、∠さ＝∠す

特別な三角形のきまり

〈 二等辺三角形 〉

頂角の二等分線は、底辺を垂直に2等分する。
BD＝CD
∠ADB＝∠ADC＝90°

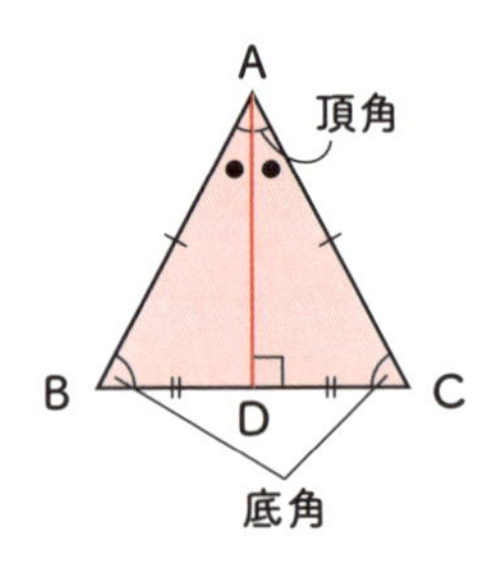

〈 直角三角形 〉

30°・60°・90°の直角三角形で
「最も短い辺」と「最も長い辺（斜辺）」の長さの比

1：2

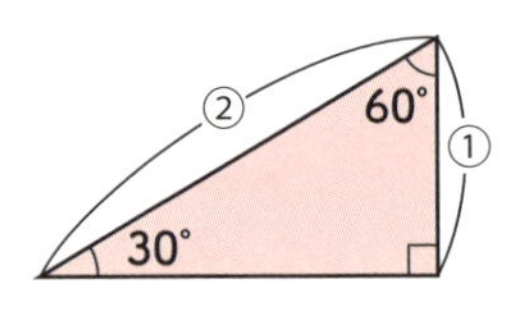

45°・45°・90°の直角三角形
辺の長さの比

1：1：$\sqrt{2}$

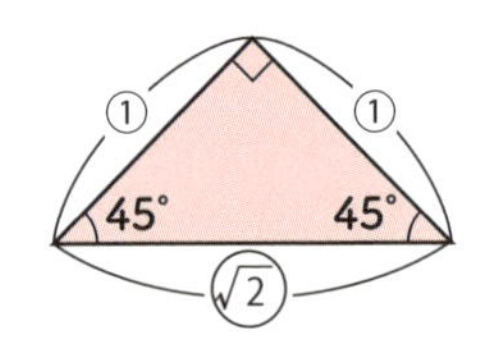

三平方の定理

三平方の定理　直角三角形の3辺の長さの関係を表す公式。直角三角形の2辺の長さがわかっている場合に、残りの1辺の長さを計算できる。2辺の長さをa、b、斜辺の長さをcとする直角三角形で成り立つ。

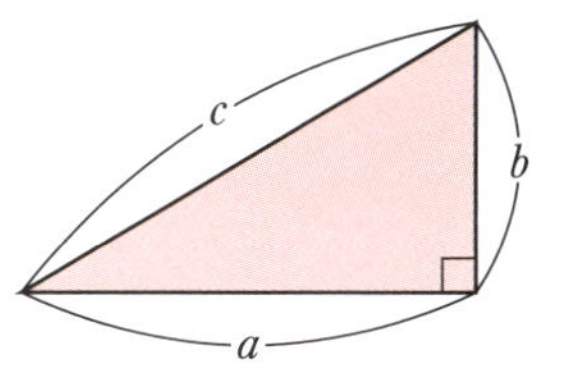

$$a^2 + b^2 = c^2$$

三角形の合同条件

合同な図形　2つの図形がぴったり重なる、形も大きさも同じ図形。位置や向きを変えるだけでぴったり重なる。裏返して重なる図形も合同な図形。2つの三角形は、①～③のどれかが成り立つとき合同である。

①3組の辺がそれぞれ等しい。

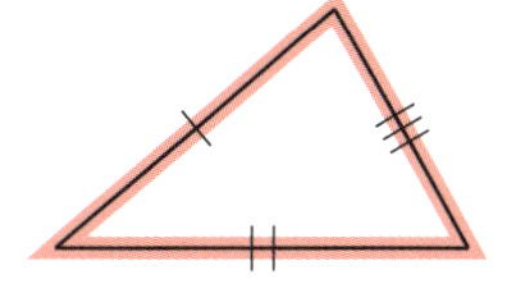
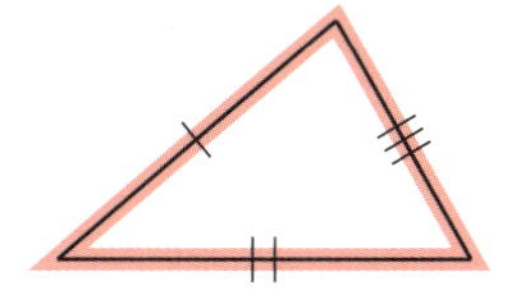

②2組の辺とその間の角がそれぞれ等しい。

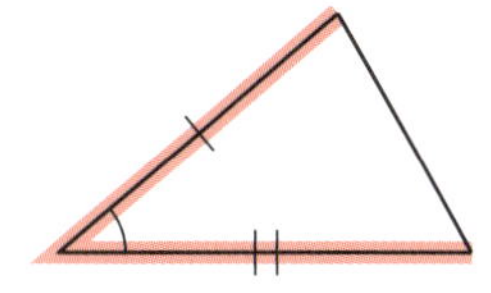
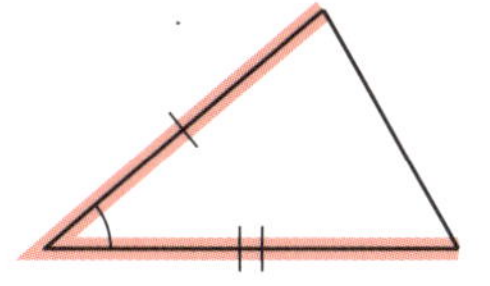

③1組の辺とその両端の角がそれぞれ等しい。

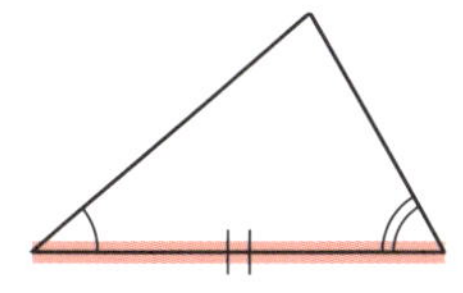
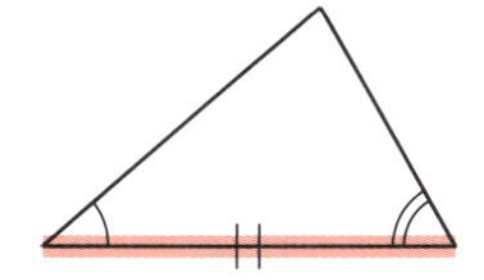

直角三角形の合同条件

2つの直角三角形は、①②のどちらかが成り立つとき合同である。

①斜辺と1つの鋭角がそれぞれ等しい。

②斜辺とほかの1辺がそれぞれ等しい。

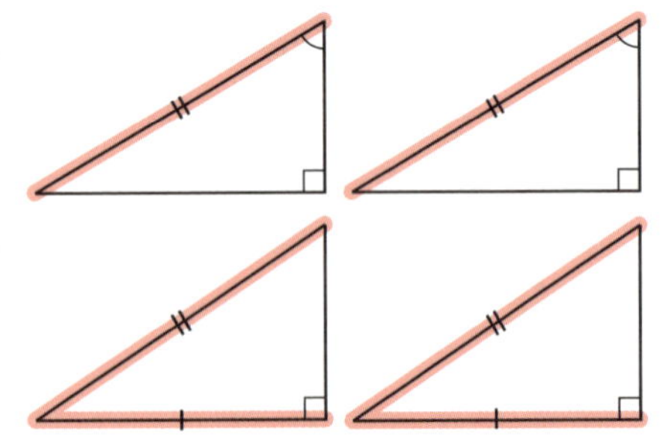

体積

〈 角すいの体積を求める公式 〉

角すいの体積を求める公式

＝底面積×高さ×$\frac{1}{3}$

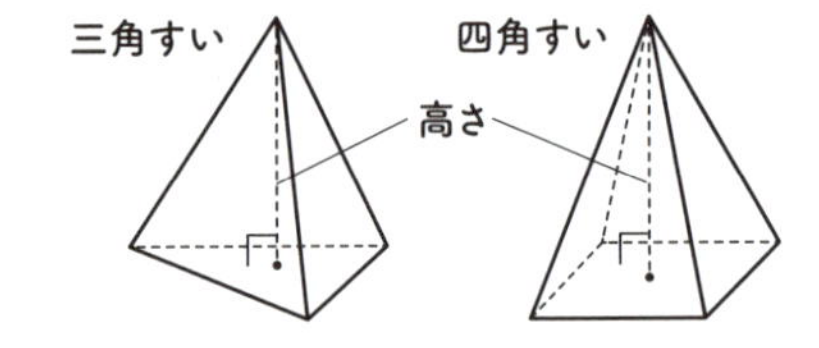

円周角

〈 円周角と中心角 〉

円周上の点をPとするとき、

∠APBを弧ABに対する円周角、

∠AOBを弧ABに対する中心角という。

1つの円において、同じ弧に対する円周角の大きさは、

中心角の大きさの$\frac{1}{2}$となる。

〈 直径と円周角 〉

直径に対する円周角は90°である。

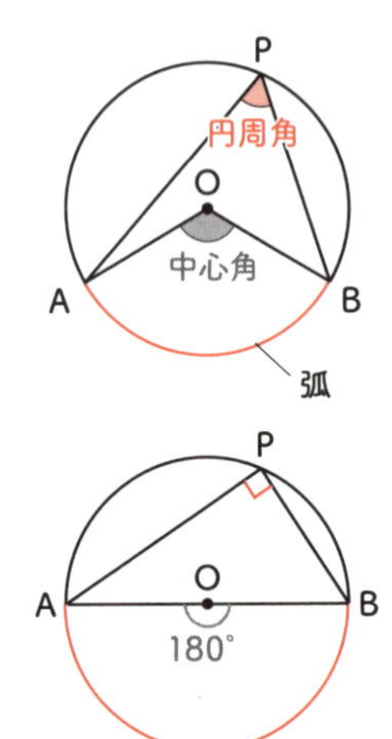

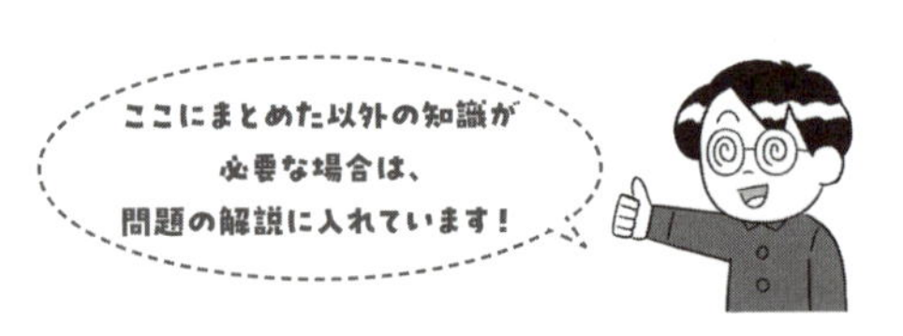

1章

分けて加えて頭やわらか問題

1章では、補助線をひいて
分割したり追加したりすることで
解ける問題を集めています。

問題に出てくる図にとらわれず、
さまざまな可能性を考えることが
図形問題を解くうえでの基本になります。

対角線、90°を作る線、中心を結ぶ線、中点を結ぶ線など
一発で見つからないことの方が多いでしょう。
補助線をひきながら
面積が求められる形を探すことを
まずは楽しんでみてください。

ときには、問題の図をはみ出して考えることもあるので、
頭をやわらかくして考えてみましょう。

問題 1

見えないものを見ようとして…

難易度 ★★☆☆☆　気持ちよさ ★★★☆☆

Q.

長方形の面積が72㎠のとき、
斜線部分の三角形の面積を求めよ。

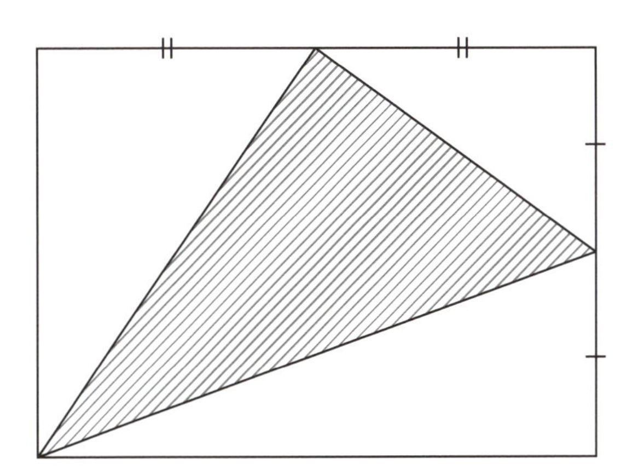

Hint

長方形の面積からまわりの3つの三角形の面積をひけば求められそう。
でも、たて、よこの長さはわかっていない…。
長方形の辺の中点を結ぶ線をひくと、面積は分割できるけど…？

この発想で解く

長方形の中点がわかっているので、まず中点から線をひく。
すると、それまで見えなかったものが見えるようになる。

解けた人は答えをチェック

A. 27㎠

辺の長さがわかってないのに、面積が求められるの？

気持ちよく式で解ける方法があるから、求めていきましょー！

解説

① 長方形のたて、よこの中点から4分割する線をひく

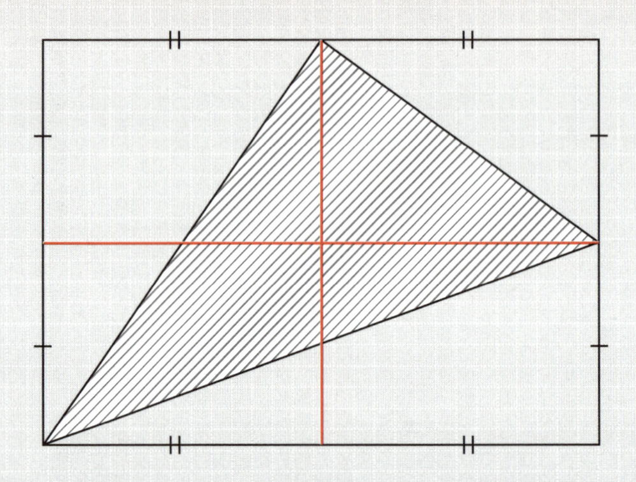

たて、よこの長さがわからないなら、わかるところから攻めていこう！
中点から線をひくことで、長方形の面積が 4 等分される。

② 左の長方形に着目する

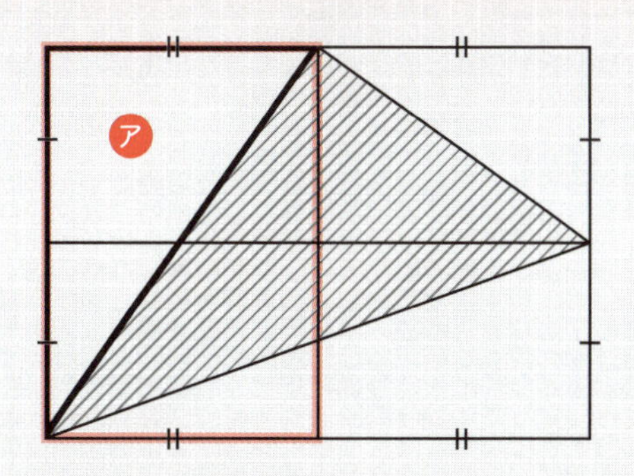

左の長方形の面積は元の長方形の半分だから、72÷2＝36（㎠）
さらに長方形の対角線は面積を2等分するので、三角形 ア の面積は
36÷2＝18（㎠）

ここまでわかると、気持ちよさに気づけた人も多いんじゃないかな？

見えないものが見えてきた気がします…！

③ 右上の長方形に着目する

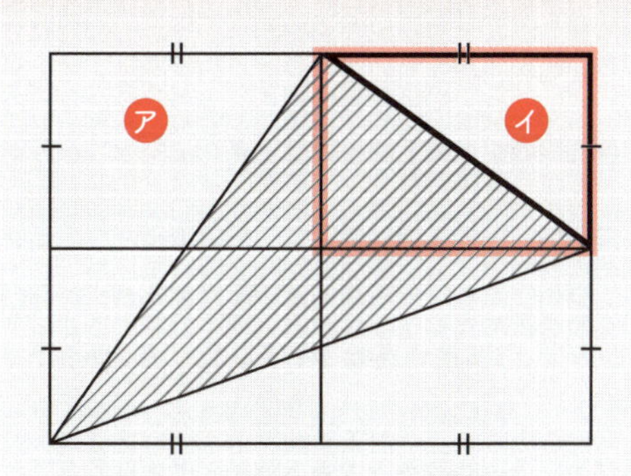

②と同じように考えて、右上の長方形の面積は、72÷4＝18（㎠）
三角形 イ の面積は、18÷2＝9（㎠）

④ 下の長方形に着目する

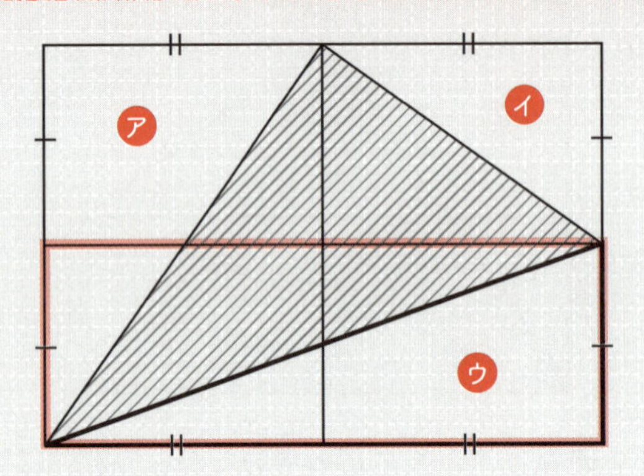

下の長方形の面積も、②と同じように考えて、72÷2＝36（㎠）

三角形ウの面積は、36÷2＝18（㎠）

よって、斜線部分の三角形の面積は

元の長方形の面積－三角形アイウの面積

なので、72－（18＋9＋18）＝27（㎠）

まさしメモ

三角形の面積って聞くと、「底辺×高さ÷2」の公式を使って求めたくなると思いますが、【全体からひいた残り】としても考えることができるんですね！

今回は「視野を広げて考えることができるか？」をねらった問題でした！

問題 2

基本に忠実ということ

難易度 ★★★☆☆　気持ちよさ ★★★★★

Q.

中央の白い四角形は正方形である。
三角形の斜線部分の面積を求めよ。

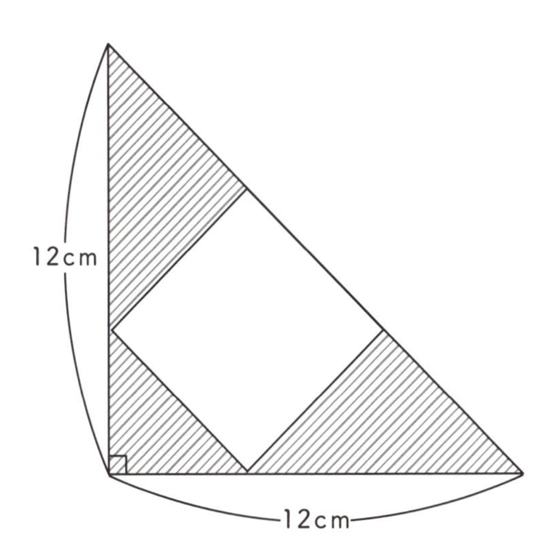

Hint

大きい三角形の底辺の長さと高さがわかっているし、
これなら楽勝…ってあれ？　意外と求められないこの問題。
まずは、わかる角度をかきこんで、等しい長さに印をつけてみてほしい！

この発想で解く

正方形が出てきたら、ヒントがたくさんあるということ。
対角線や角度をかきこんで、等しい長さに印をつけてみるといい。

解けた人は答えをチェック

A. 40㎠

今回は三角形の底辺の長さと高さがわかっているから、
すぐ求められそうなんだけどなあ…

正方形や二等辺三角形の性質は覚えている？
それらの性質を最大限いかして、解いていくよ。

解説

① 角度に着目する

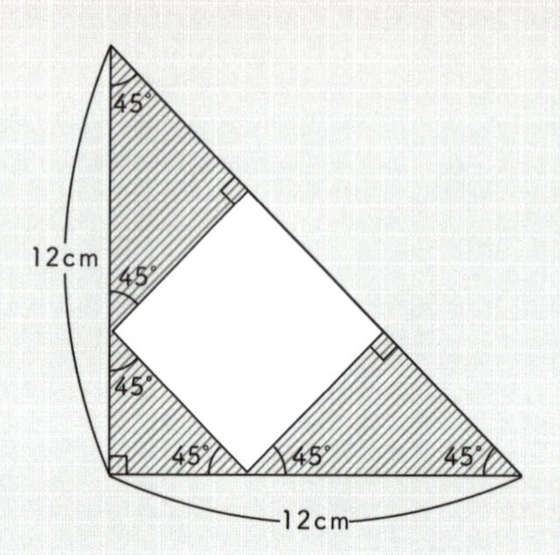

大きい三角形は、2辺が等しい直角二等辺三角形なので、45°がわかる。
小さい三角形も同じく45°と90°がわかる。

② 正方形に対角線をひく

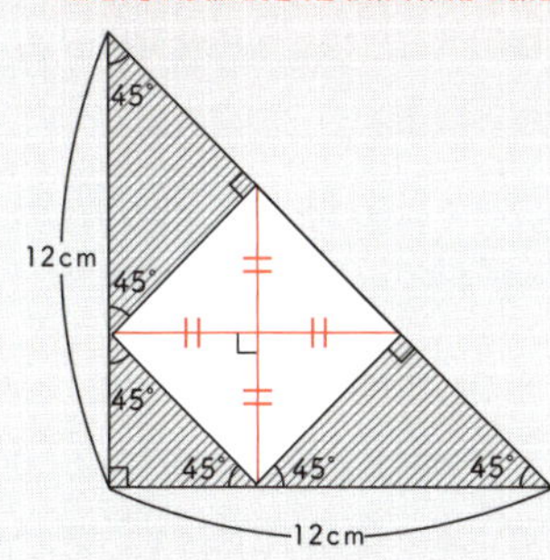

正方形に対角線を2本ひく。
正方形の対角線は「長さが等しく垂直に交わる」ので、4分割された三角形は、それぞれ同じ直角二等辺三角形であるとわかる。

③ ●印の三角形に着目する

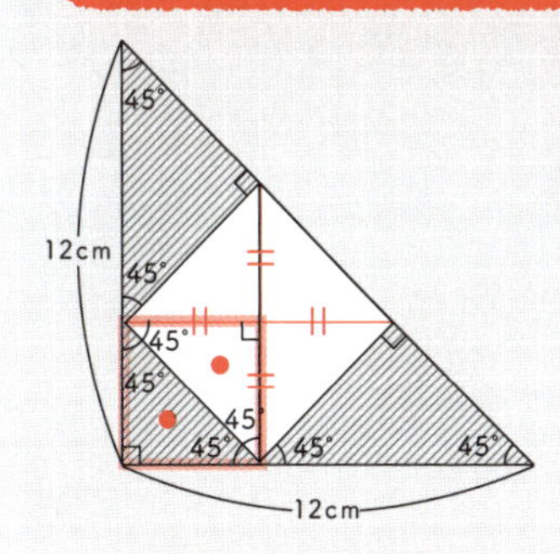

●印がついた2つの三角形は、1組の辺とその両端の角がそれぞれ等しいので、合同である。

④ 別の●印の三角形に着目する

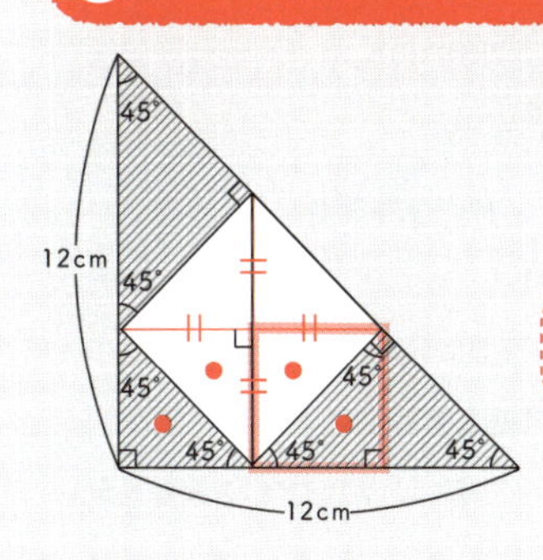

右下の直角三角形の頂点から垂線をひくと、●印がついた2つの三角形も合同。

これってもしかして……？

⑤ 同じように考えて、全ての三角形に着目する

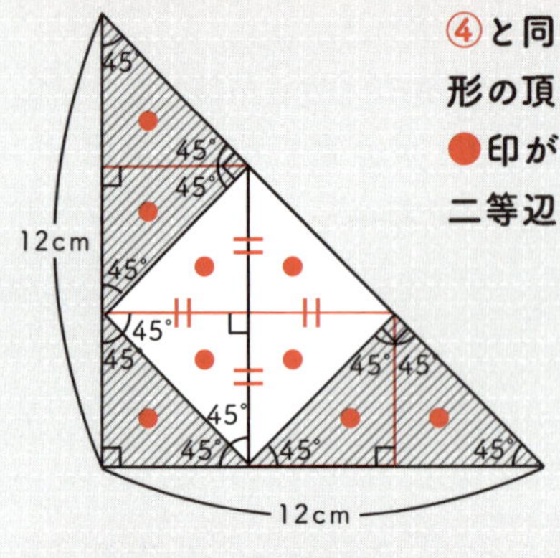

④と同じように考えて、左上の直角三角形の頂点から垂線をひく。
●印がついた全ての三角形は、同じ直角二等辺三角形であるとわかる。

大きい三角形は●印がついた三角形の9つ分。斜線部分の面積は●印がついた三角形の5つ分なので、大きい三角形の面積の$\frac{5}{9}$

三角形の面積＝底辺×高さ÷2を使って、

$$12 \times 12 \div 2 \times \frac{5}{9} = 40\ (\text{cm}^2)$$

うおお～！やっぱり三角形が全部合同だったのか！

ここまでわかればもうすっきり、だよね。

図形の問題を解くときは、わかる角度や等しい長さをどんどんかきこむのが基本！
かきこんでいくことで気づくことはたくさんあるから、まずはかいてみることを意識しましょう。
難しく見える問題も基本に忠実に、解いていきましょう！

問題 3

ピタッとハマる瞬間

難易度 ★★☆☆☆　気持ちよさ ★★★★☆

Q.

三角形に長方形がぴったり入っている。
斜線部分の面積を求めよ。

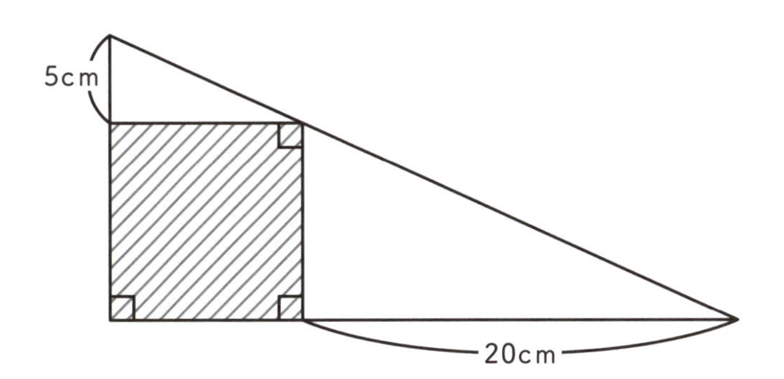

Hint

「長さがわからないから面積もわからない?」と感じるかも…。
でも、図をよく観察して、同じ三角形をもう1つかいてみると…?

この発想で解く

与えられた図の中だけでどうにもならないときには、
広げることだってできる。図を増やしたら問題を複雑にするかと思いきや、
不思議なことに手がかりがつかめる。

解けた人は答えをチェック

A.　100㎠

たてとよこの長さがわからないときは、他の方法で攻めるんだよね！

そうそう。同じ三角形を作るのがポイントだよ。

解説

① 同じ三角形をひっくり返して追加

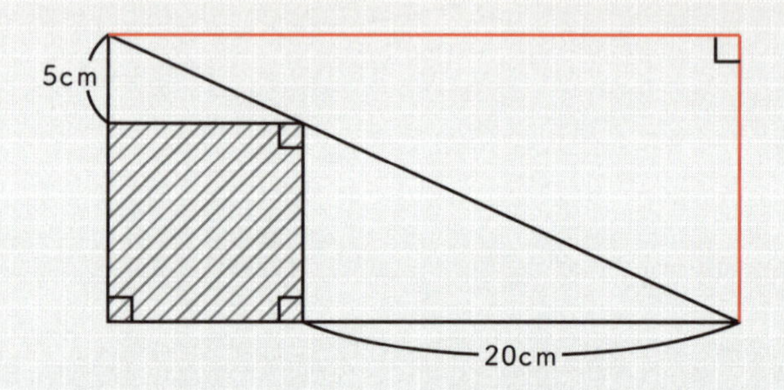

問題の図に、同じ三角形をひっくり返して追加してみよう。

② 長方形の辺を延長する

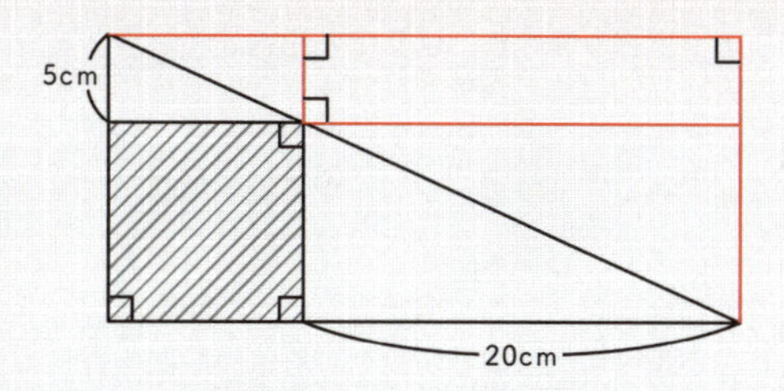

辺を延長すると左上、右上、左下（斜線部分）、
右下の 4 つの長方形ができる。

③ 左上の長方形に着目する

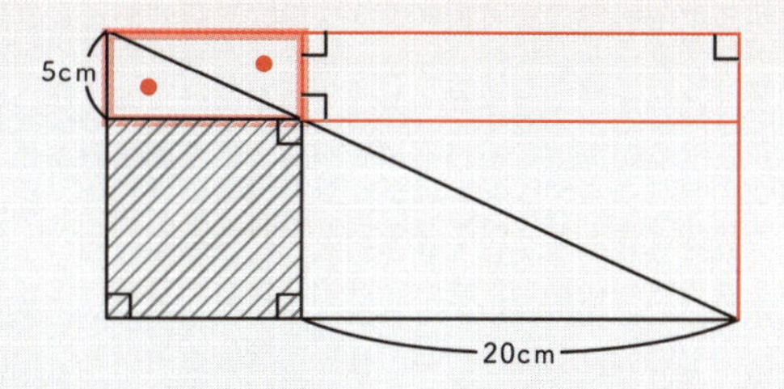

長方形の対角線は面積を2等分するので、●印がついた三角形
はそれぞれ面積が同じ。

④ 右下の長方形に着目する

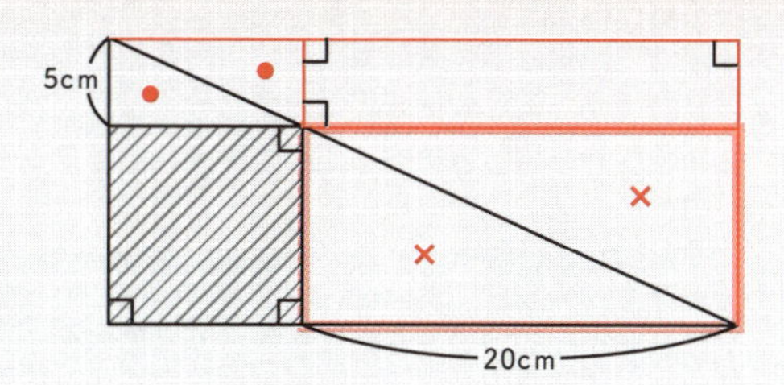

同じように考えると、×印がついた三角形はそれぞれ面積が同じ。

⑤ 右上の長方形に着目する

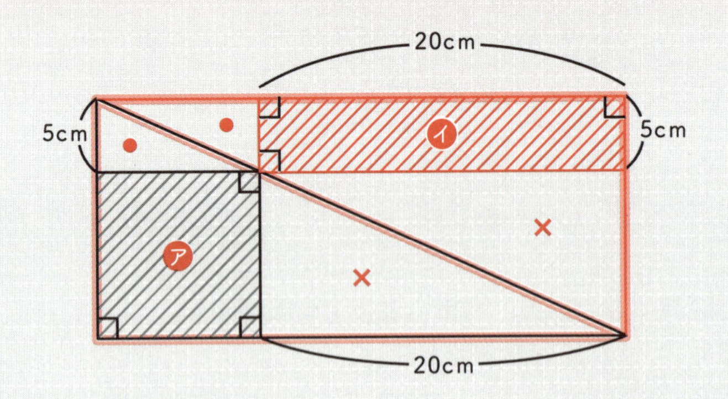

2つの大きい三角形を比べると、●どうし、×どうしの面積が同じなので、残った「左下の長方形ア」と「右上の長方形イ」の面積も同じ。

形は変わっているけど、右上の長方形と面積は同じなんだね！

ここに気がついたら、あとは簡単だ！

右上の長方形イは、たて5cm、よこ20cm
なので、面積は　5×20＝100(cm²)
よって、長方形アの面積も100cm²

まさしメモ

図形問題では「ひっくり返して追加する」というやり方がよく出てきます。どうにも長さがわからない、というときはやってみましょう！

問題 4

三角形が細いよ！

難易度 ★★★☆☆　気持ちよさ ★★★☆☆

Q.

この三角形の面積を求めよ。

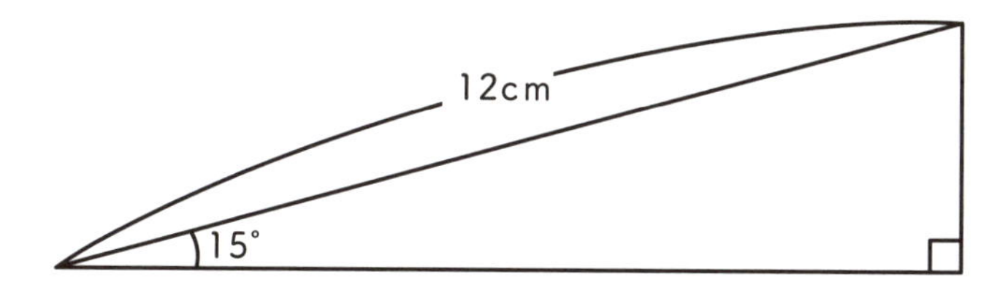

Hint

1つの角が15°…。あまりなじみがない角度だな。
じゃあ、見たことがある角度にしてあげると…？
3つの角が30°、60°、90°の直角三角形は
3辺の長さの比が決まっていたね。

この発想で解く

三角形の問題で30°、60°、90°がないときには、
これらの角度の三角形をどうにか作り出せないか、と考えてみよう。

解けた人は答えをチェック

A. 18㎠

1つの角度が15°なのに、面積が求められるんですね！

知っている角度の三角形を作るのがポイント！

解説

① 同じ三角形をひっくり返して追加

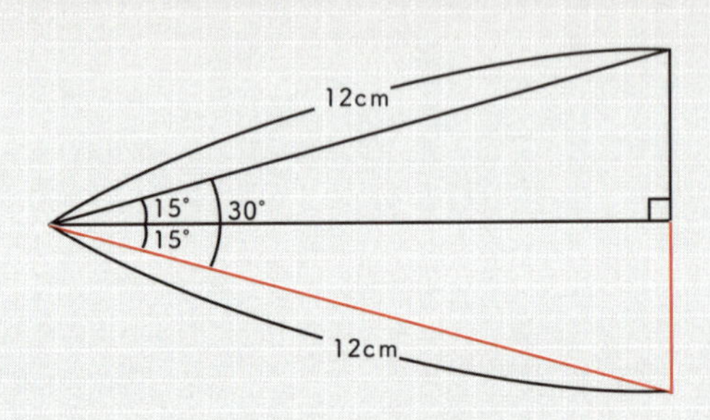

問題の図に、同じ三角形をもう1つひっくり返して追加し、
30°の角を作る。

② 垂線をひいて30°・60°・90°の直角三角形を作る

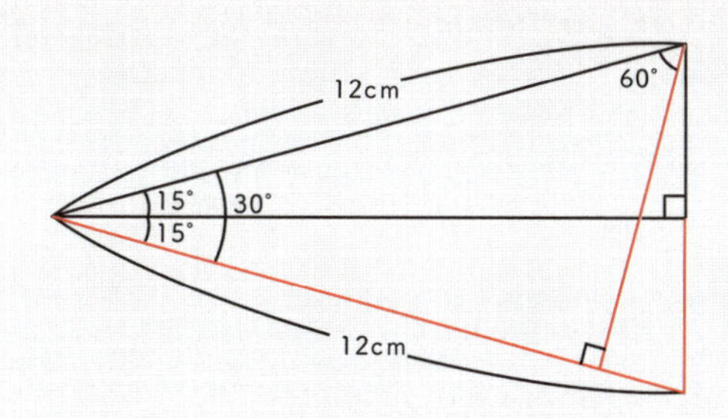

あっ、有名な三角形ができた！

ここまで来たら、あとは簡単だね。

③ 大きい三角形の高さ（垂線の長さ）を求める

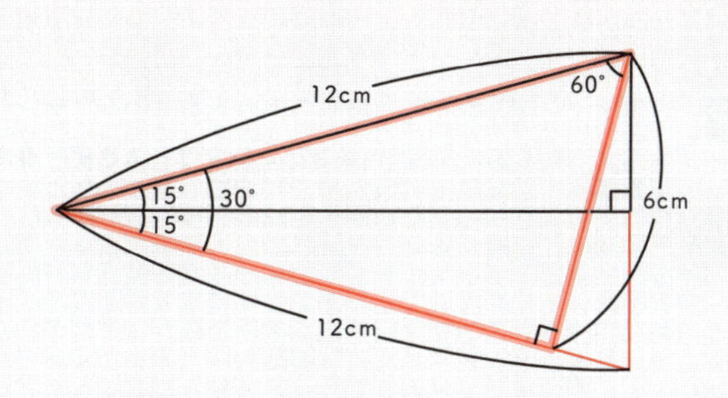

30°・60°・90°の直角三角形では、
最も短い辺の長さと、最も長い辺（斜辺）の長さの比は 1:2 なので、
垂線の長さは、12÷2＝ 6(cm)

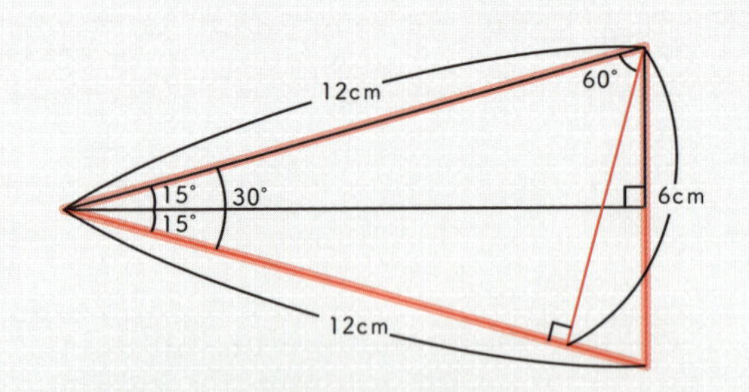

大きい三角形は底辺が 12cm、
高さ(垂線)が 6cm なので、
三角形の面積=底辺 × 高さ ÷ 2を使って、
面積は 12 × 6 ÷ 2 = 36(㎠)
求めたい三角形の面積はその半分なので、
36 ÷ 2 = 18(㎠)

まさしメモ

中学校や高校の数学でも、1つの角度が15°の直角三角形は頻出!「15°のある三角形が出たときは、有名な直角三角形にする」ことを意識するだけで正答率がグッと上がります!

問題 5

辺の長さが1つもわかっていないのにっ！

難易度 ★☆☆☆☆　気持ちよさ ★★★☆☆

Q.

四角形は長方形である。
斜線部分の面積を求めよ。

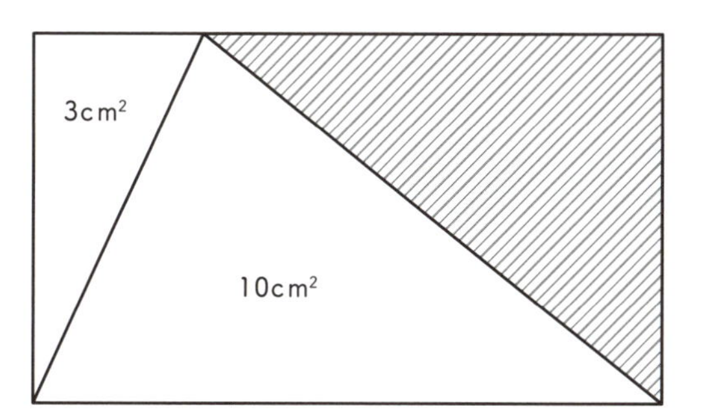

Hint

辺の長さが1つもわかっていないけど、
「長方形の1つの対角線は面積を2等分する」ことを使うと...？

この発想で解く

三角形が出てきたときは、どんな三角形か必ず着目しよう。
今回は四角形が長方形とわかっているから、2つは直角三角形。
合同な直角三角形を組み合わせることができれば、
もう答えはわかったも同然！？

解けた人は答えをチェック

A.　7㎠

辺の長さがわからなくても解けるなんておもしろいですね！

長方形の1つの対角線で分けられる2つの直角三角形が
どんな三角形かを考えよう。

解説

① 垂線をひく

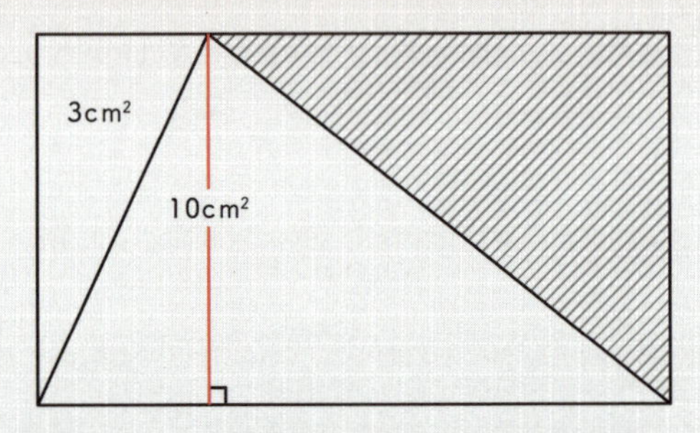

上図のように三角形の頂点から垂線をひくと、
左と右に新たな長方形を作ることができる。

② 左の長方形に着目する

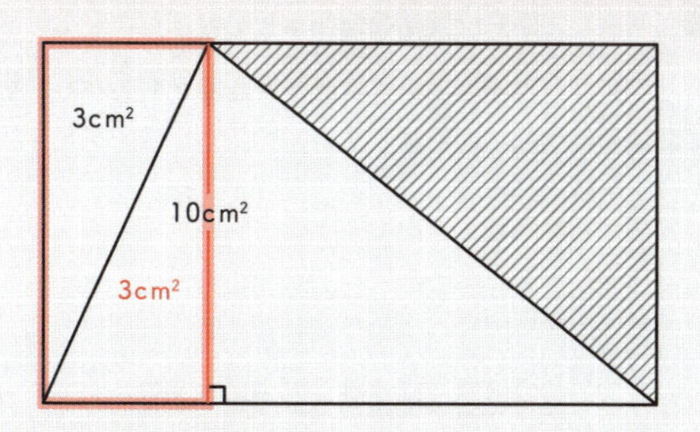

左の長方形に着目すると、
「長方形の対角線は面積を2等分する」から、
2つの三角形の面積は3㎠

③ 右の長方形に着目する

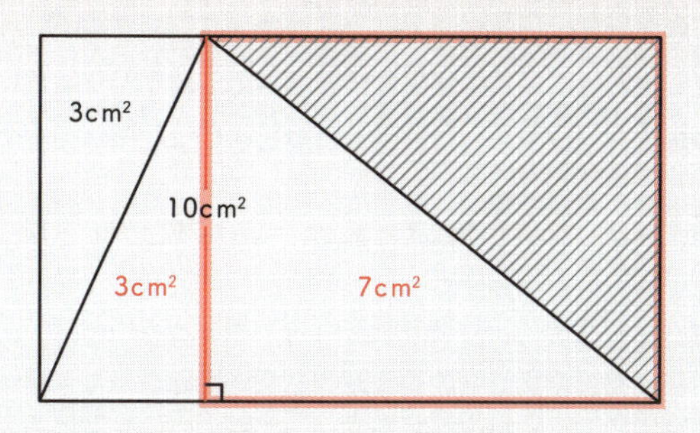

10㎠の三角形の、左の三角形の面積が3㎠なので、
右の三角形の面積は
10－3＝7（㎠）

長方形の対角線は面積を 2 等分するので、
斜線部分の三角形の面積も 7 ㎠

今回は「長方形の１つの対角線は面積を２等分する」ことに気づくことがポイントでした。
「合同」という視点でも出題されるので、覚えておくとGood です！

COLUMN 1

問題集の効率アップ勉強法

まず問題を解く前に、○△×の３つにレベル分けしよう。「○：すぐに解ける問題」「△：解けそうだけど時間がかかる問題」「×：全く手が出ない問題」と印をつける。△の問題から解いて、解けなかったら解説を見る。×は最初から解説を見て、解き方を理解しよう！ ○の問題はすでにわかっているから、解かなくてOK！ あとは解説を見ずに解けるようになるまで△、×の問題をくり返し反復するんだ。わからない問題に時間を割けるから効率よく勉強できるよ。

問題 6

簡単に解けそうなのに…

難易度 ★★★☆☆　気持ちよさ ★★★☆☆

Q.

長方形 ABCD の面積が 45 ㎠のとき、
BE の長さを求めよ。

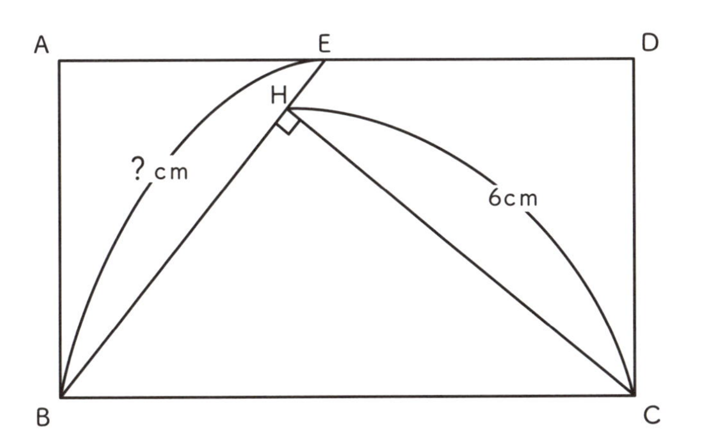

（関西学院中　2020年　改）

Hint

長方形の面積がわかっている。「AD と BC は平行」ということは、
等積変形が使えそうだぞ…？

この発想で解く

絶妙な位置にひかれた直線。ひっそりと与えられた90°。

これは90°を利用しない手はない。

まずは、90°をヒントに線をひいてみよう。

解けた人は答えをチェック

A. 7.5cm

90°をヒントに線をひくとしても、ひけるところはたくさんあるなあ…。

直線が交わっているところ、接点になっているところに注目するといいよ！

解説

① 点Cと点Eを結ぶ

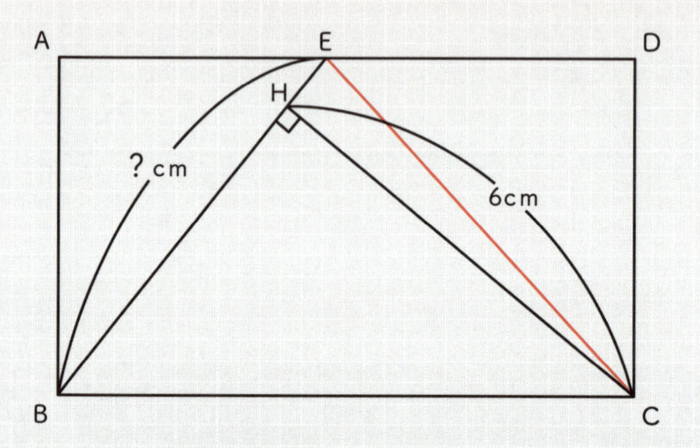

三角形 BCE を作ることができる。

❷ 等積変形で、三角形BCEの面積を求める

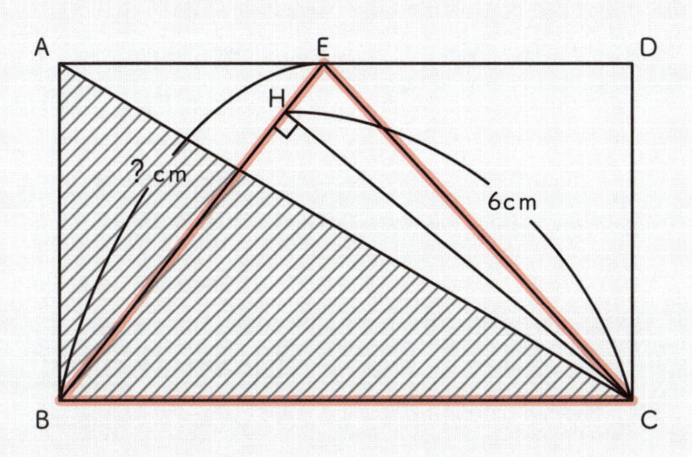

ADとBCは平行。底辺が同じ三角形BCEと三角形ABCで
高さは等しいので、
三角形BCEの面積は三角形ABCの面積と同じ。

三角形 ABC の面積は長方形 ABCD の半分なので、
45 ÷ 2＝22.5（㎠）
つまり、三角形BCEの面積は22.5㎠

三角形BCEが作れただけでは何もわからなかったけど、
等積変形が使えるのか～！ スッキリ！

等積変形の発想はエグいよね！

③ 三角形BCEの面積に着目して、BEの長さを求める

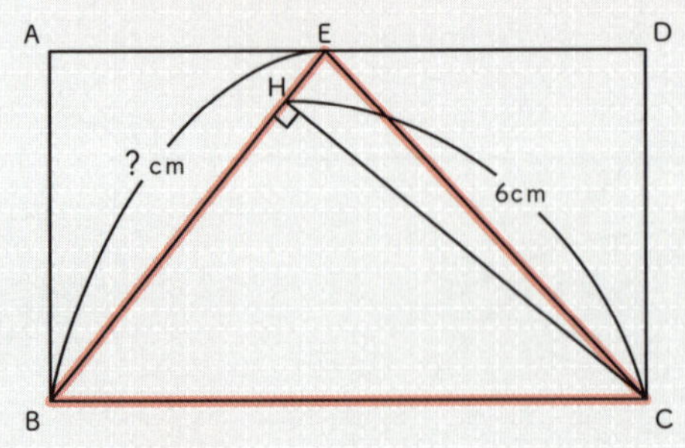

三角形BCEで、底辺をBEとすると、高さはCH（＝6cm）なので、三角形の面積＝底辺×高さ÷2を使って、

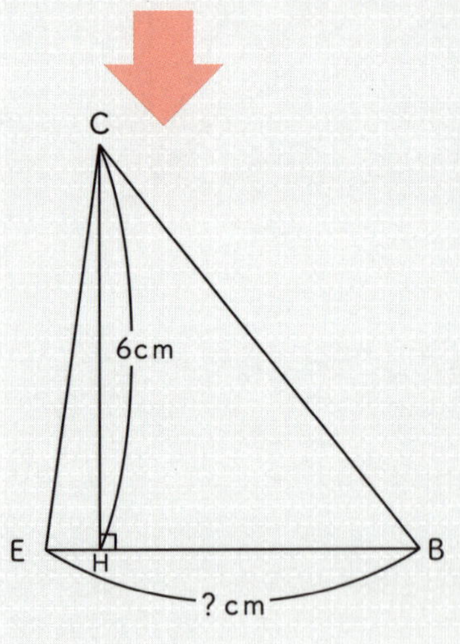

$$? \times 6 \div 2 = 22.5$$
$$? \times 3 = 22.5$$
$$? = 7.5\ (\text{cm})$$

まさしメモ

等積変形で先に三角形の面積を求めて、公式を使って底辺にあたる長さを求めるという、中学受験によく出る詰め合わせセットでした！ 等積変形って言われるとわかるけど、初見だと気づきにくいですね～。

問題 7

変な形もおなじみの形に！

難易度 ★★★☆☆　気持ちよさ ★★★☆☆

Q.

AB を直径とする半円がある。斜線部分の面積を求めよ。
ただし、円周率は 3.14 とする。

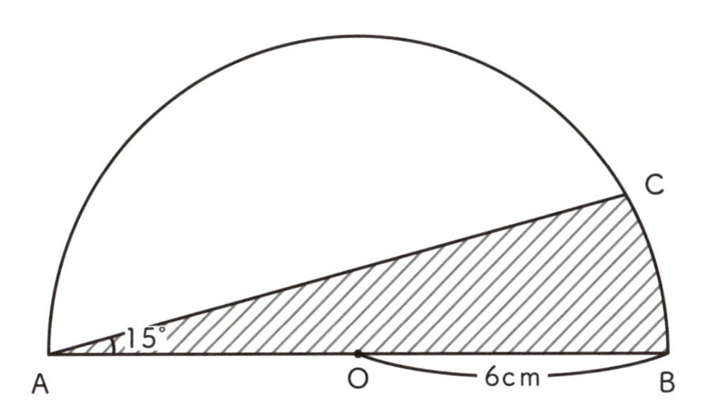

（広尾学園小石川中　2024年　改）

Hint

見たことのない形は、なじみのある形にする！
点Oと点Cを結ぶと、三角形OCAとおうぎ形OBCの
2つの図形に分割できるよ！

円にはヒントがたっくさん隠れている。
まず着目したいポイントは、半径だ！

解けた人は答えをチェック

A.　18.42㎠

おうぎ形でもないし、こんな形求められなくね…？

このままではおうぎ形とはいえないけれど、
補助線をひけばおうぎ形が作れちゃいます！

解説

① 中心 O と点 C を結ぶ

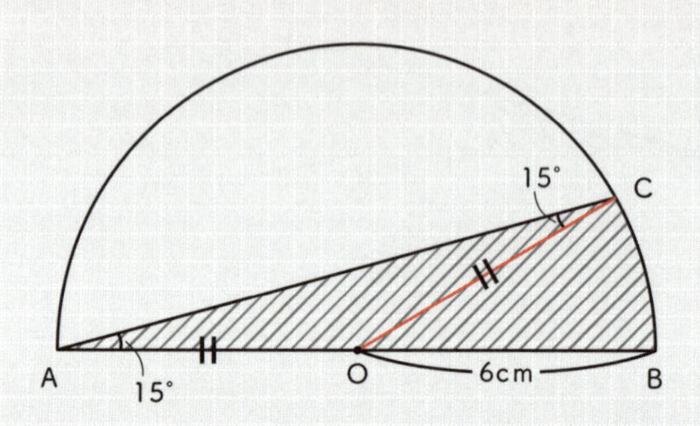

円の半径なので、OA＝OC
つまり三角形OCAは二等辺三角形なので、底角が等しい。
よって、∠OCA＝15°

② 外角の定理を利用する

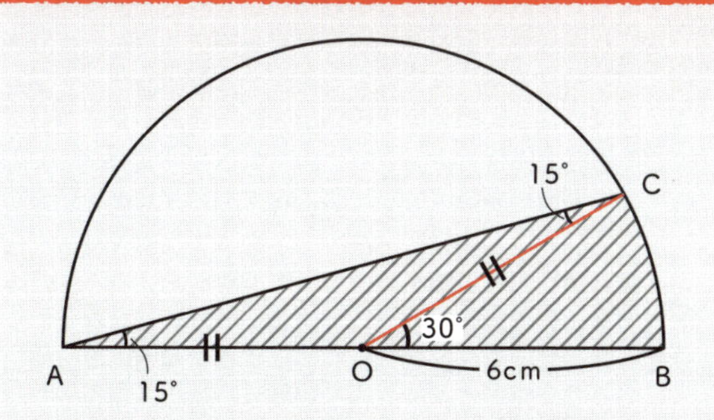

「三角形の1つの外角は、それと隣合わない2つの内角の和に等しい」（外角の定理）ので、三角形OCAに着目すると、∠COB＝30°

③ 点CからOBに垂線をひく

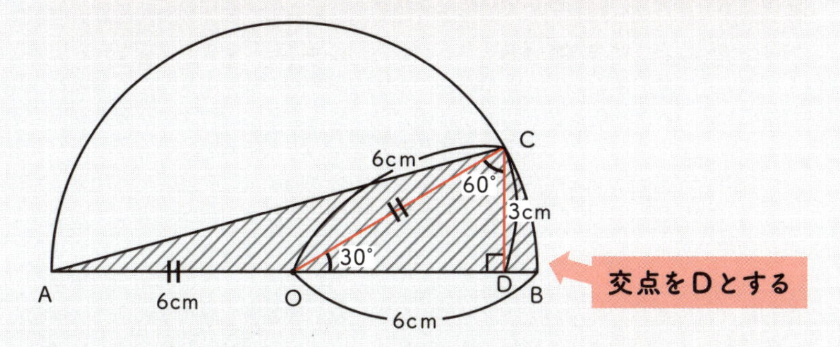

点CからＯＢに垂線をひく。三角形ODCは30°・60°・90°の三角形である。三角形ODCでは、最も短い辺CDの長さと、最も長い辺OC（斜辺）の長さの比は1：2。最も長い辺OC（斜辺）の長さは半径で6㎝なので、最も短い辺CDの長さは半分の3㎝

④ 三角形とおうぎ形の面積の和を計算する

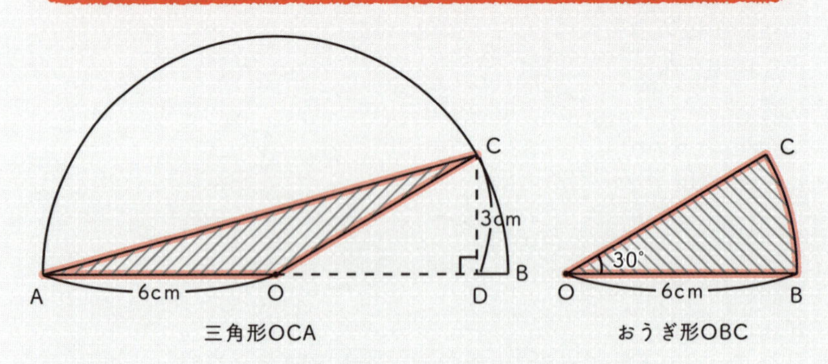

三角形OCAは、底辺を6㎝（OA）とすると、
高さが3㎝（CD）なので、
三角形OCAの面積は6×3÷2＝9（㎠）

おうぎ形OBCは、半径が6㎝、中心角が30°なので、
おうぎ形の面積＝半径×半径×3.14×$\frac{中心角}{360}$を使って
おうぎ形OBCの面積は6×6×3.14×$\frac{30}{360}$＝9.42（㎠）

よって、斜線部分の面積は、
9＋9.42＝18.42（㎠）

まさしメモ

円周角の定理など、中学数学の知識を使わなくても解ける問題でした！　ちなみにまさしは小学生の頃、三角形の高さを探すのがとても苦手でした（今回の問題で言う、三角形OCAの高さがCDであることを理解したのは、中学生になってからでした……）。

問題 8

四角形に見えるけど…

難易度 ★★★☆☆　気持ちよさ ★★★★☆

Q.

四角形の面積を求めよ。

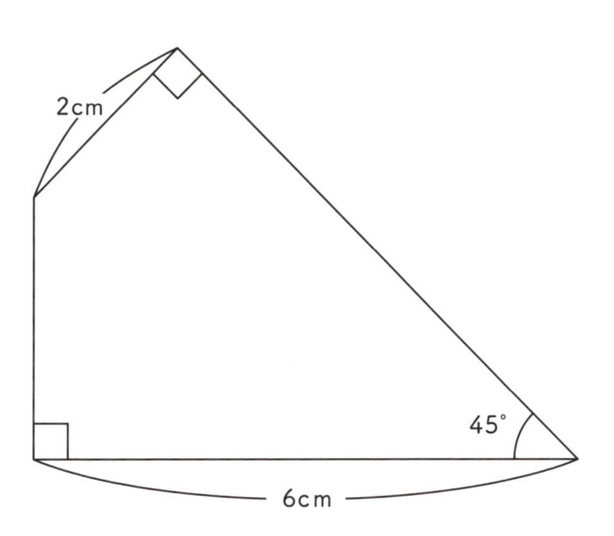

Hint

台形ではない四角形…。面積が求められる形に変えよう！
辺を延長して、直角三角形を作ろう！

この発想で解く

問題の図の外側に補助線をひくのは、遠回りするようでためらう人も多いかも。でも、「面積が求められる直角三角形」など、重大なヒントが隠れていることもあるので、広い視野をもっておくことが重要。

解けた人は答えをチェック

A. 16㎠

解説

① 補助線をひいて、直角三角形を作る

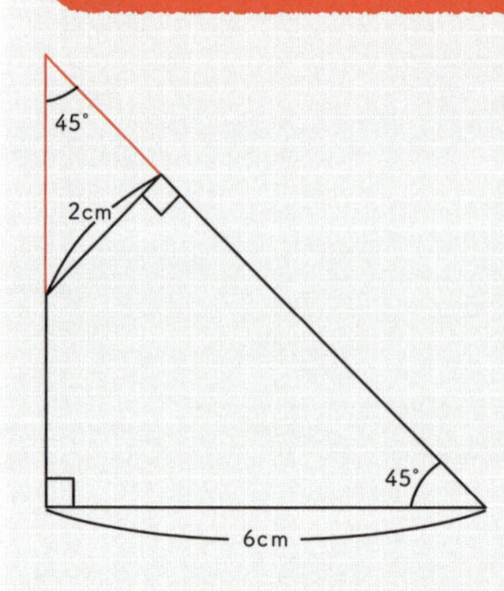

辺を延長して、全体を直角三角形として考える。
三角形の内角の和は180°なので、残りの角度は
180° −（90°＋45°）＝45°
となる。
2つの角度が等しいので、全体の直角三角形は、直角二等辺三角形。

辺をのばすだけで直角二等辺三角形ができた！

直角二等辺三角形だと、2辺が等しいので、底辺と高さが見つかりそうだね！

② 底辺と高さを考える

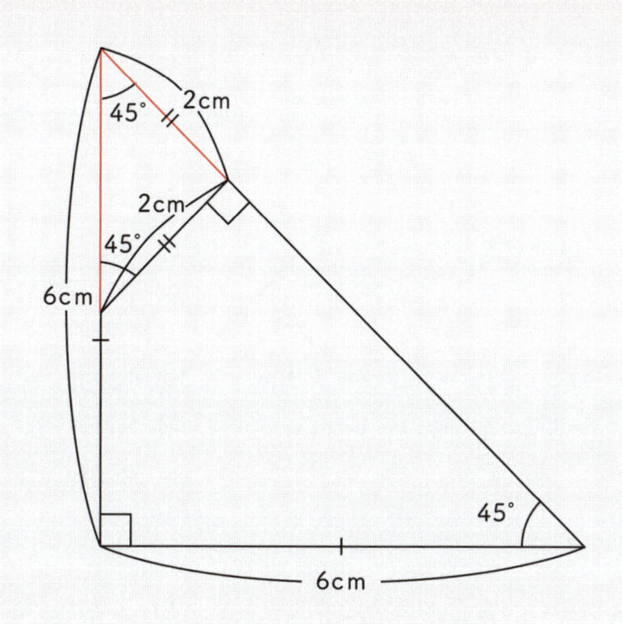

全体の直角二等辺三角形に着目すると、底辺と高さは6㎝
また、小さい三角形は直角三角形であり、①と同じように考えて
残りの角度は45°なので、直角二等辺三角形。
よって、底辺と高さは2㎝

おおお！ すごい！
ツノが生えるかのような補助線をひいて解けたね。

分けるだけではなく、今回のように追加することもあるから注意だよ！

③ 面積を計算する

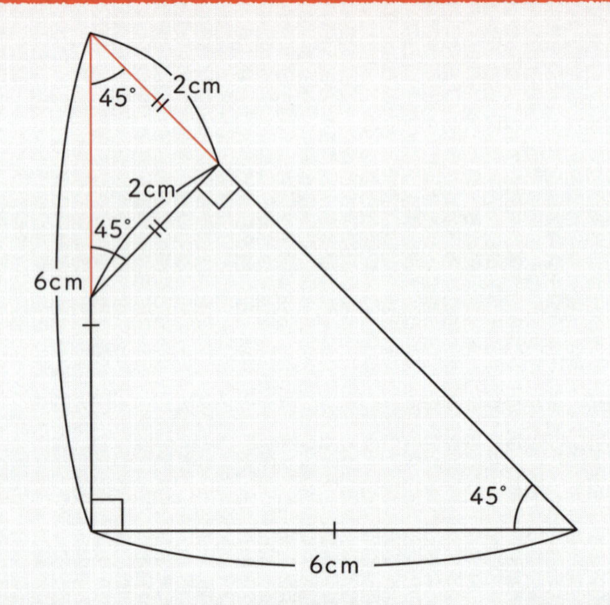

求める面積は、全体の三角形の面積から小さい三角形の面積をひけば求められる。
三角形の面積＝底辺×高さ÷2を使って、

大きい三角形の面積は、$6\times6\div2=18$（㎠）

小さい三角形の面積は、$2\times2\div2=2$（㎠）

求める面積は、$18-2=$16（㎠）

まさしメモ

四角形の辺を延長するだけで、直角二等辺三角形が2つも出てきましたね！
45°と90°の角度が出てきたら、「怪しい！」と思って、直角二等辺三角形を思い浮かべてみましょう！

問題 9

高校数学の知識を使わずに

難易度 ★☆☆☆☆　気持ちよさ ★★★☆☆

Q.

三角形の面積を求めよ。

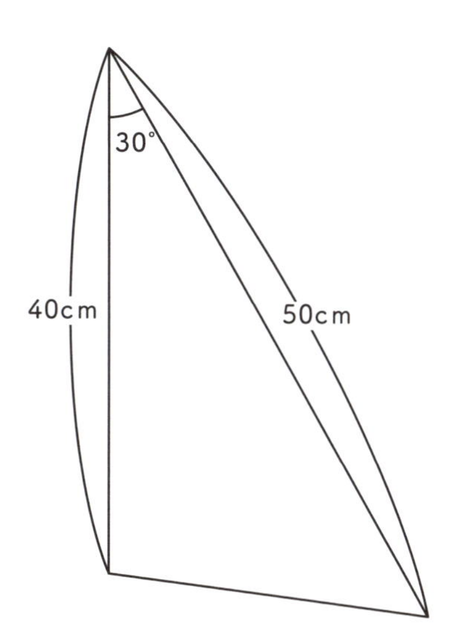

Hint

小学校の算数*の知識で解ける問題です。30°があるということは、
直角三角形を作ってあげることで…？

*学習指導要領には入っていませんが、中学入試では問われる知識です。

この発想で解く

30°が出てきたら、30°・60°・90°の直角三角形を思い浮かべよう。
90°が問題の図にないときには、垂線をひくことが多いよ。

解けた人は答えをチェック

A. 500㎠

30°・60°・90°の直角三角形を作るためには…？

解説

① 垂線をひいて、30°・60°・90°の直角三角形を作る

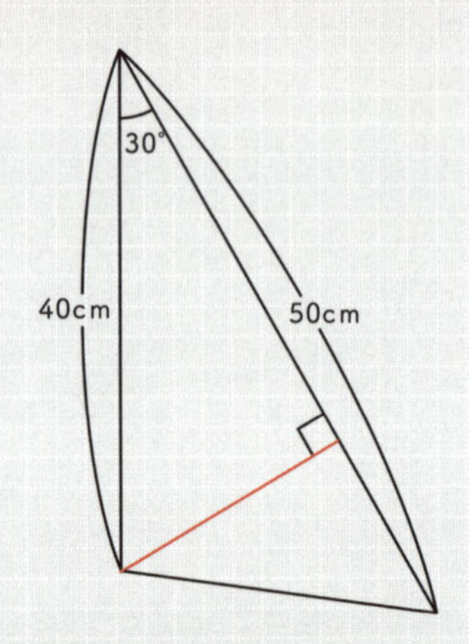

上図のように垂線をひくと、三角形の内角の和は180°なので、
残りの角度は180°－(30°＋90°)＝60°

② 30°・60°・90°の直角三角形の辺の長さの比を使う

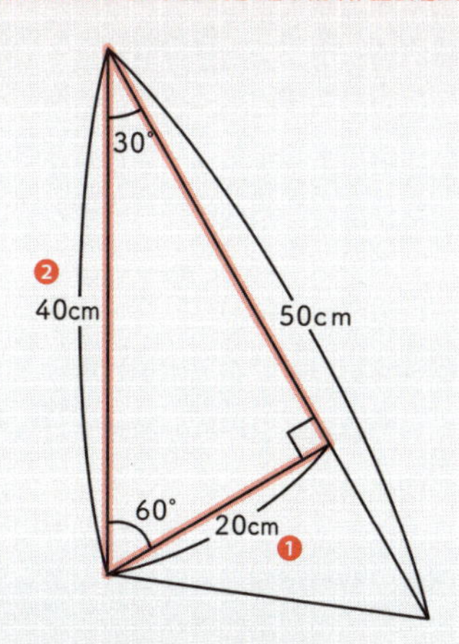

30°・60°・90°の直角三角形で、
最も短い辺と最も長い辺（斜辺）の長さの比は1：2。
よって、垂線の長さは、
40÷2＝20（cm）

③ 面積を計算する

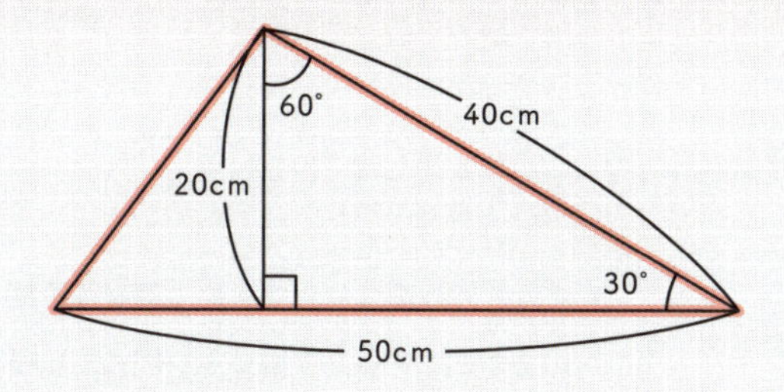

三角形の向きを変える。
底辺を50cmとすると、高さは20cm

三角形の面積＝底辺×高さ÷2を使って、

50×20÷2＝500（cm²）

補足

高校数学でsin、cos、tanを習うと、
今回の問題は、以下の公式で一瞬で解くことができるんだ！

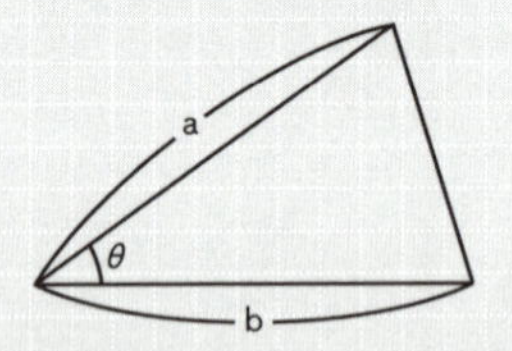

上図の三角形の面積Sは、$S=\frac{1}{2}ab\sin\theta$
今回の問題では、a＝50cm、b＝40cm、θ＝30°で、
$\sin 30^\circ=\frac{1}{2}$だから、
面積は、$\frac{1}{2}\times 50\times 40\times \sin 30^\circ$

$$=\frac{1}{2}\times 50\times 40\times \frac{1}{2}$$
$$=500\ (\mathrm{cm}^2)$$

もちろん、まだ習っていない場合は
「sinって何？」「なんで$\sin 30^\circ=\frac{1}{2}$なの？」ってなると思うので、
「へぇ～こんなのがあるんだ」と、頭の片隅に置いておけばOK！

まさしメモ

高校数学の知識を使えば一瞬で解ける問題ですが、
小学校の算数の知識で解こうとすると、つまずく人も
いるかもしれません。
公式は便利ですが、地道に解くのも楽しいですね～！

問題10

時には寝返りも大事…zzz

難易度 ★★★★☆　気持ちよさ ★★★★☆

Q.

ABCD は長方形である。χの角度を求めよ。

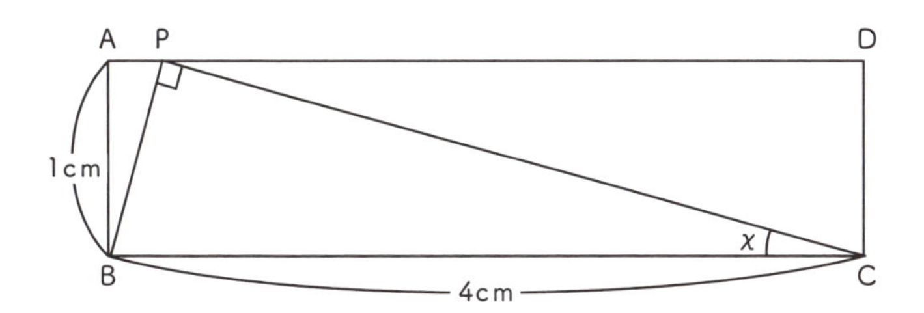

（算数オリンピックトライアル大会　2009年　改）

Hint

わかっている角度が90°しかなく、他は辺の長さしか提示されていない！
もしPBの長さが2cmなら、三角形PBCは30°・60°・90°の
直角三角形ってわかるから、何とかこの直角三角形を作りたい…。
三角形ABPと合同な三角形を作ることができれば…？
まず、三角形PBCと合同な三角形を作ろう！

この発想で解く

合同な直角三角形を2つ合わせると、二等辺三角形ができる。
また、できた二等辺三角形の頂点から垂線をひくことで、
この先に30°・60°・90°の直角三角形が見えてくる!

解けた人は答えをチェック

A. 15°

解説

① 三角形PBCを裏返した三角形を考える

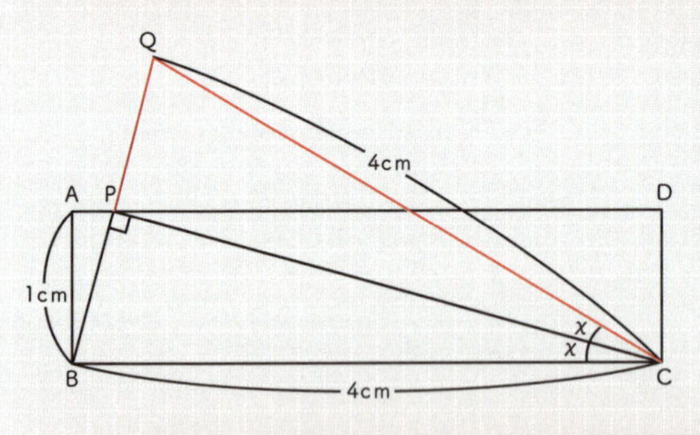

左図のように、三角型PBCを裏返して、三角形PQCを作ると、二等辺三角形CQBができる。

② 垂線をひく

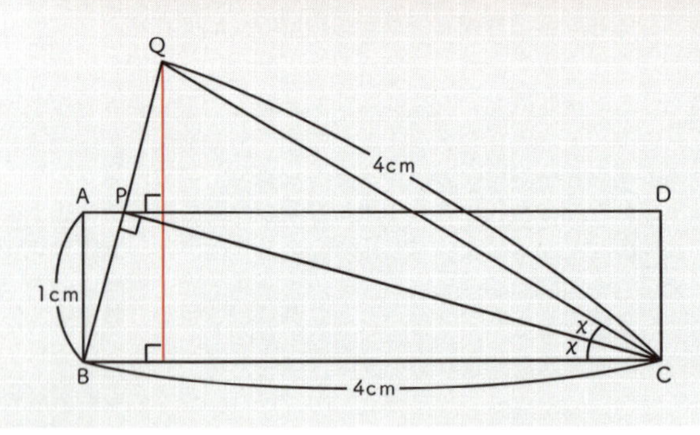

頂点 Q から辺BCに垂線をひく。

③ 2つの直角三角形に着目する

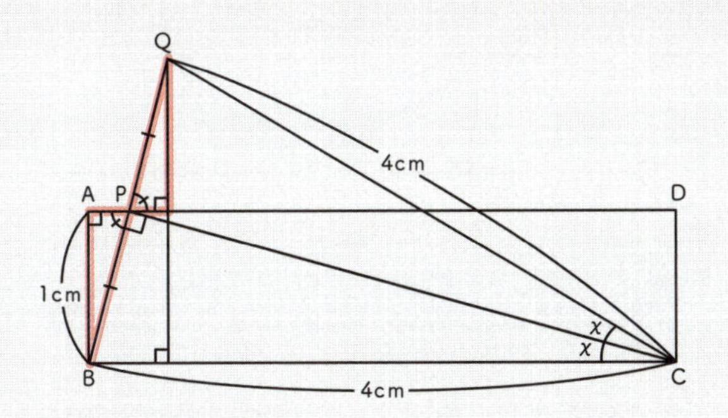

三角形PBCと三角形PQCは、合同な三角形なので、PB＝PQ
また、対頂角は等しい。
よって、直角三角形の斜辺と1つの鋭角がそれぞれ等しいので、
2つの直角三角形は合同である。

④ 対応する辺の長さに着目する

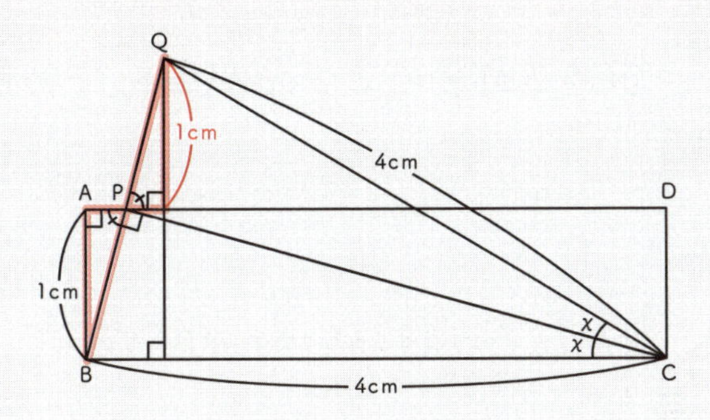

2つの直角三角形は合同なので、対応する辺の長さも等しく、
1cmとなる。

⑤ 右の直角三角形に着目する

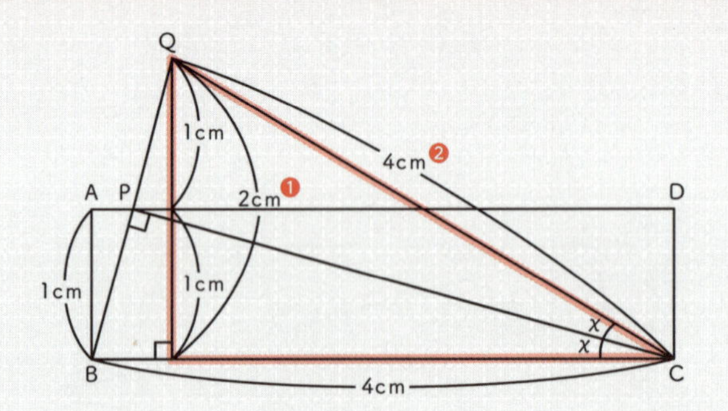

ABCDは長方形なので、頂点QからBCにひいた垂線の長さは、
1＋1で、2㎝
ここで、右の直角三角形の辺に着目すると、「最も短い辺」と
「最も長い辺(斜辺)」の比は、

2㎝：4㎝＝1：2

つまり、右の直角三角形は30°・60°・90°の
直角三角形といえる。

でた！ いつもの特別な直角三角形だ！

よって、求める角度の2つ分が30° だから、
xは 15°

まさしメモ

「合同な直角三角形を作る」発想を使った、
難易度高めの問題でした。
30°・60°・90°の特別な直角三角形の性質をうまく
使うことができれば、比較的簡単に解ける問題なので、
「自分の持っている武器で何が使えるか？」を意識して
解いていきましょう！

問題 11

まるで自動車メーカーのロゴ？

難易度 ★★★★☆　気持ちよさ ★★★★☆

Q.

ABとCDは垂直である。
AE＝24㎝、EB＝6㎝、EC＝8㎝、DE＝18㎝で、
円の面積が785㎠のとき、斜線部分の面積を求めよ。

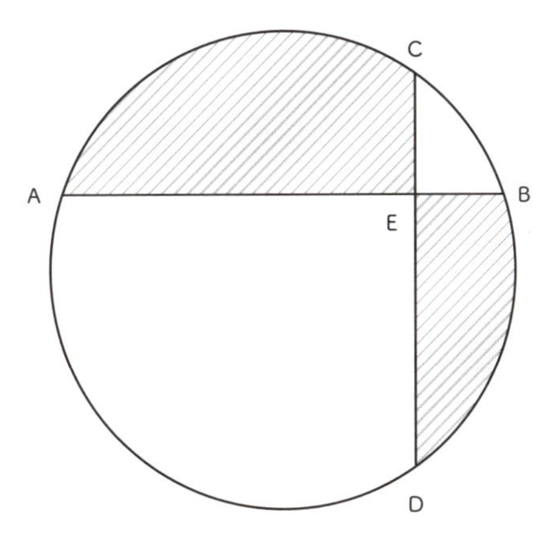

（淑徳与野中　2021年　改）

Hint

円の対称性を利用してみよう！
ABと同じ長さの補助線を上下対称になるようにひくと…？
CDでも同じことをしてあげると…？

難しく感じるけれど、
対称性を利用して補助線をひくと、あっという間に合同な図形ができる。

解けた人は答えをチェック

A.　302.5㎠

解説

① 上下左右対称になるように補助線をひく

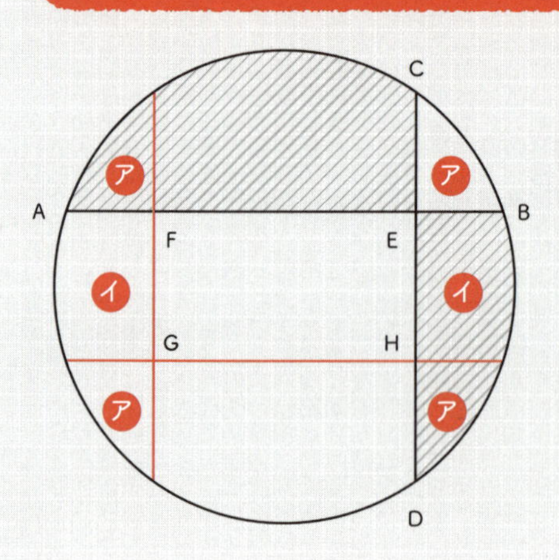

上下左右対称になるように補助線をひいたので、アとアなど同じ記号の部分は合同である。

うわ！ 円が9分割された！ しかも真ん中に長方形がある！

この長方形の面積も求めることができるんだよ。

② 長方形FGHEに着目する

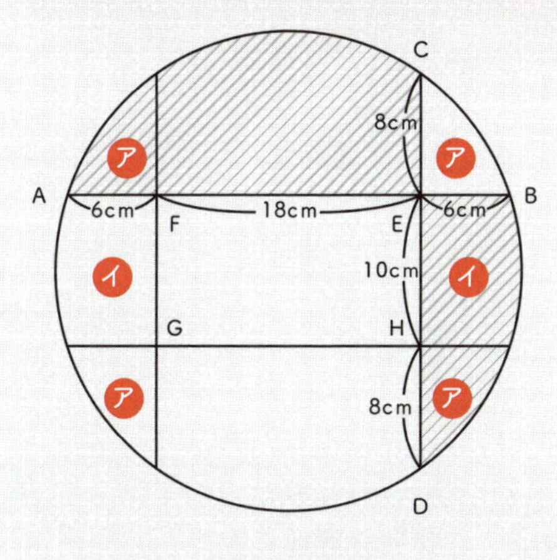

上下左右対称になるように補助線をひいたので、

AF＝EB＝6（cm）

HC＝DE＝18（cm）

FE ＝AE－AF

＝24－6＝18（cm）

EH＝HC－EC

＝18－8＝10（cm）

長方形FGHEの面積は、

10×18＝180（cm²）

③ 斜線部分の面積を求める

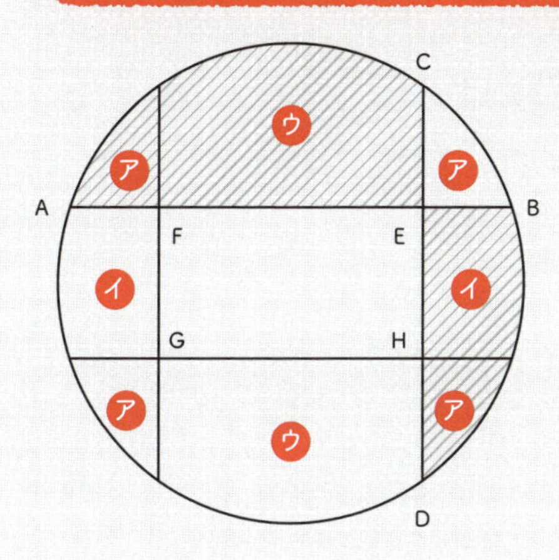

左図のように、それぞれの面積をア、イ、ウとすると、円全体の面積は785cm²、長方形の面積は180cm²なので、次の式が成り立つ。

ア×4＋イ×2＋ウ×2

＝785－180＝605（cm²）

もっと複雑だと思っていたけど、分解したらかなりシンプル！

一見難しいけれど、分割したらあっという間ですね！
あとは順に計算していけば解けちゃいます。

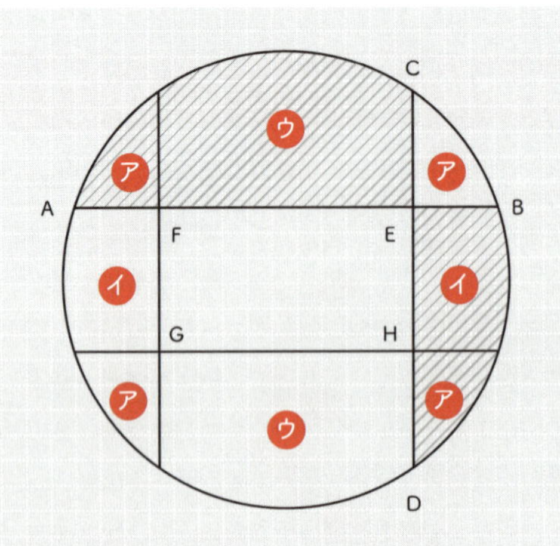

求める斜線部分の面積は、ア×2＋イ＋ウなので、
ア×4＋イ×2＋ウ×2を次のように式を変形する。
（ア×2＋イ＋ウ）×2＝605（㎠）
両辺を2でわって、
ア×2＋イ＋ウ＝302.5（㎠）

よって、斜線部分の面積は
ア×2＋イ＋ウなので、302.5㎠

まさしメモ

円の対称性を利用した良問でした！
分割し、面積が求められる形（長方形）を作り、
全体からひいて、式変形をして、答えを出す。
今までとやっていることは同じですが、
円というだけで難しく感じましたね！

問題12

さよなら三角、またきて四角

難易度★★★☆☆　気持ちよさ★★★☆☆

Q.

四角形2つは正方形である。斜線部分の面積を求めよ。

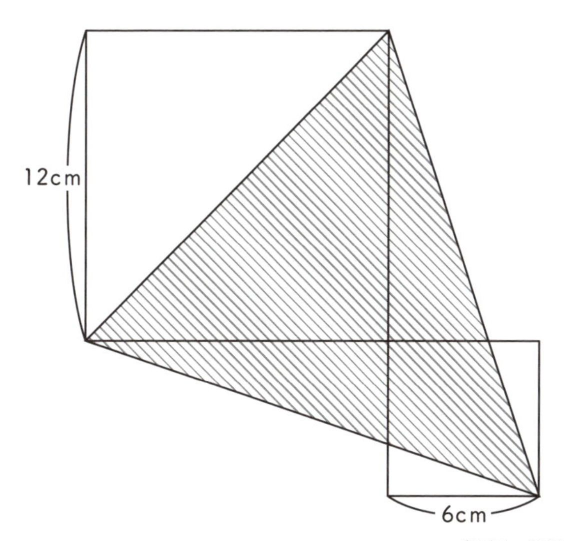

（大妻中　2017年　改）

Hint

正方形が2つという条件だけでは解けないから、
今回も面積が求められるように、
辺を延長して、大きい正方形を作ろう！

この発想で解く

面積を求める斜線部分が正方形からはみ出ているので、正方形の辺を延長して、大きい正方形や直角三角形が作れないかを考える。

解けた人は答えをチェック

A. 144㎠

解説

① 補助線をひいて、大きい正方形を作る

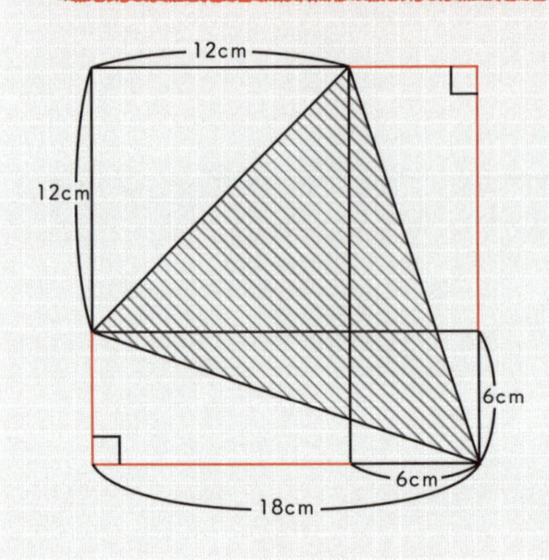

正方形の辺を延長して、1辺が18㎝の正方形を作る。

大きな正方形の1辺は12+6で、18㎝！

この形が作れたら、ゴールはすぐそこだね！

② 大きい正方形の面積から3つの直角三角形の面積をひく

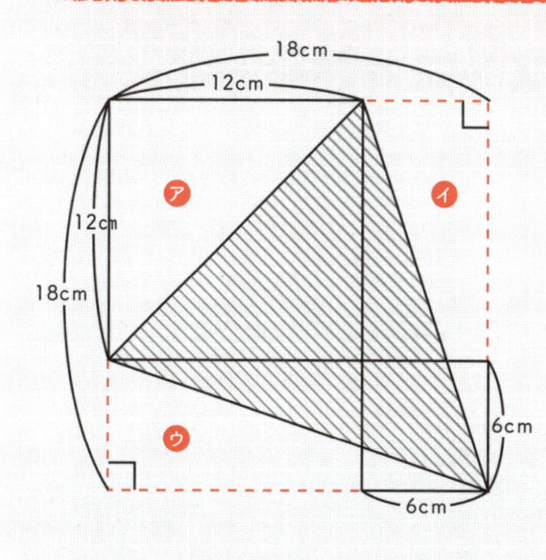

三角形の面積をそれぞれア、イ、ウとする。
斜線部分の面積は、正方形の面積からア、イ、ウの直角三角形の面積をひいて求められる。
大きい正方形の面積は、
18×18＝324（㎠）

三角形の面積＝底辺×高さ÷2なので

アの面積は、12×12÷2＝72（㎠）
イの面積は、18×6÷2＝54（㎠）
ウの面積は、18×6÷2＝54（㎠）

よって、斜線部分の面積は、
324－（72＋54＋54）＝144（㎠）

まさしメモ

「全体から細々した部分をひく」という解き方はよく使います！
計算の式が多くなるので、計算ミスがないよう、途中で式をきちんと見直すのがおすすめです。

COLUMN 2

まさし流・テスト前の勉強計画

僕がやっていたテスト前の勉強計画を紹介します。勉強も部活も遊びも充実させたいので、テスト2週間前から集中してスタートするのがまさし流。

〈2週間前〉テストの科目数、範囲（問題集のページ）を確認する。テストの1日前に問題集が3周終わるようにスケジュールを組む。

〈1週間前〉問題集1周目完了。何回も解けるように、ノートに解く。間違えた問題に印をつける。

〈3日前〉問題集2周目完了。1周目で間違えた問題のみ解き直す。さらに間違えた問題に印をつける。

〈1日前〉問題集3周目完了。印が2つある問題のみ解き直す。

〈当日〉問題集や教科書に軽く目を通す。問題を見て解き方が思い浮かべばOK！

全ての教科で3周しなくても大丈夫！　できなかった問題を2回目以降で見直すことが大事です。

2章

変形が
美しすぎる問題

2章では、問題の図を分割・追加するだけでなく、
等しい面積に変形したり移動したりする問題を
集めています。

等積変形はひっそり隠れがち。
その分、気づけると、とても気持ちいいです。
平行線の組み合わせを見たら、
まず等積変形を疑うとよいでしょう。

等積移動は、解説を読んでハッとすることが
多いものです。
初見ではわからない問題も多いかもしれません。
解説を読んでわかったときの
「そうだったのか！」という感覚は
頭によい刺激になるので、
まずは少し考えてから、解説を読んでみてください。

問題 1

シンプルすぎる正八角形

難易度 ★★☆☆☆　気持ちよさ ★★★☆☆

Q.

正八角形の面積は80㎠である。
斜線部分の面積を求めよ。

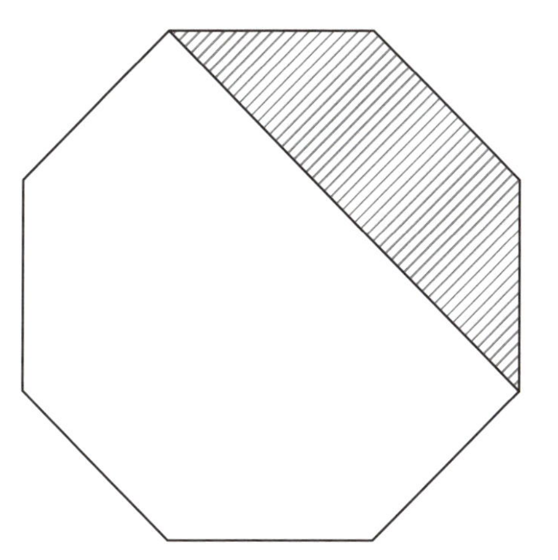

Hint

正八角形で面積が80cm²…。
もし8等分できれば、1つあたりの面積が10cm²になって
きれいだね！

この発想で解く

中心を通る線はないし、長さもわからない。
それでもまずは、わかるところに線をひくのが大事。
対角線をひいてからがスタートだ。

解けた人は答えをチェック

A. 20㎠

解説

① 対角線をひき、正八角形を8等分する

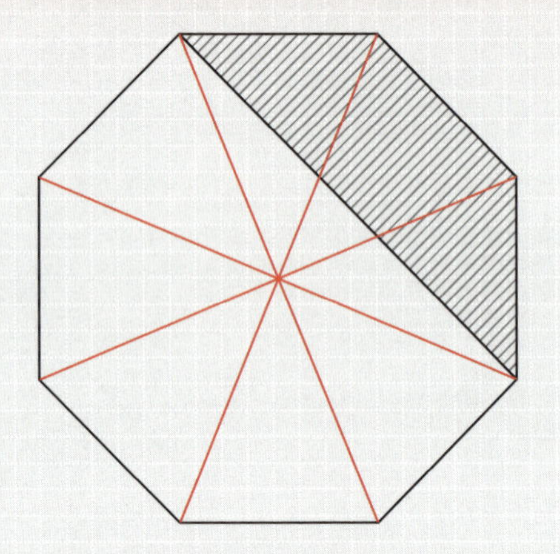

わぁピザみたいになったね!

このピザがどのように斜線部分に影響するかが大事だね。

② 下図のように線をひく

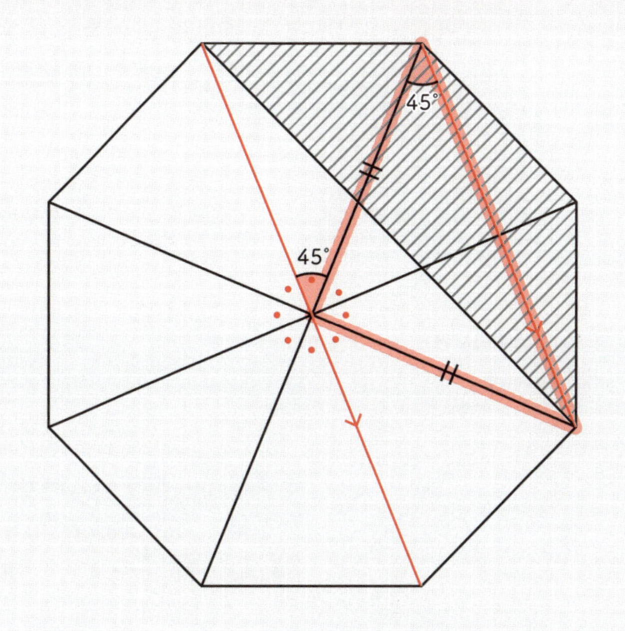

正八角形の●の角度は360÷8＝45°
色がついた三角形は二等辺三角形だから、底角は45°
錯角が等しいので、2本の直線は平行線である。

だんだん見えてきた気がするけど、
ここからどう面積を求めたらいいかな…？

2本の直線が平行線であることがポイントだよ。

③ 等積変形を行う

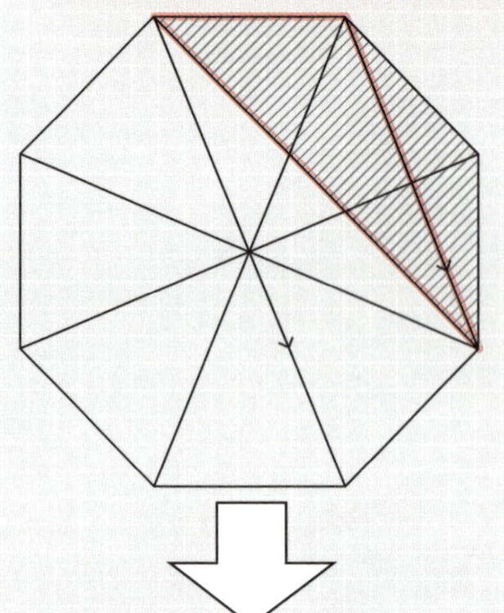

左図のように、線で囲まれた三角形は底辺の長さが等しい。高さも同じなので、等積変形ができる。

平行線ということは
等積変形ができるのか！
次はできそうな気がするよ！

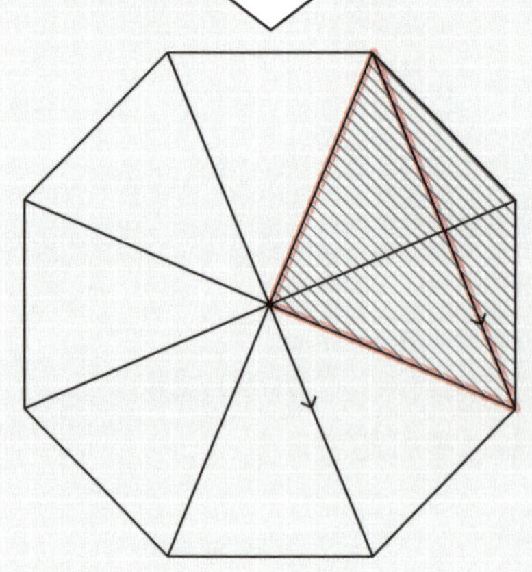

等積変形した結果、斜線部分の面積は、正八角形の面積を8等分したものが2つ分なので、

$$80 \div 8 \times 2 = 20\ (\text{cm}^2)$$

まさしメモ

最初はまっさらな正八角形だったので、手をつけにくかったと思うけれど、対角線をひくことで一気に解きやすくなりましたね！

問題 2

正方形の秘密を解き明かせ

難易度 ★★★★☆　気持ちよさ ★★★★☆

Q.

合同な正方形が5つある。
1つの正方形の面積を求めよ。

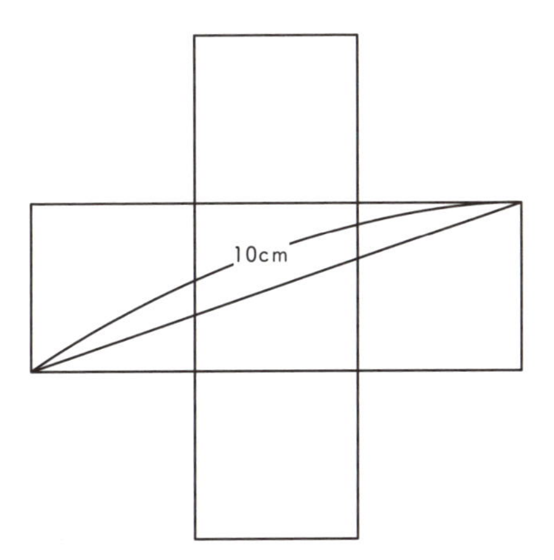

Hint

正方形3つ分の対角線の長さが10cm…。
わかっているのはこれだけ？
じゃあ、もし対角線が10cmの大きい正方形が作れたら…？

この発想で解く

正方形なのに、正方形の性質が使えないところに線がひかれている。でも本当に正方形の性質は使えない…？
唯一のヒントを使って正方形を見つけるのだ！

解けた人は答えをチェック

A.　10㎠

最初は1つの正方形にこだわらないほうが良いのかな？

Good だね。全体の形を利用するのがポイントだよ。

解説

① 大きい正方形を作る

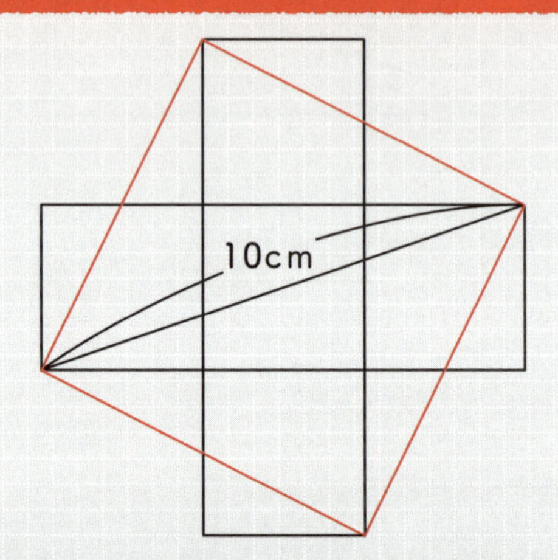

上図のように正方形の頂点をそれぞれ結んで、対角線が10cmの大きい正方形を作る。

② 外側の三角形を内側に移動する

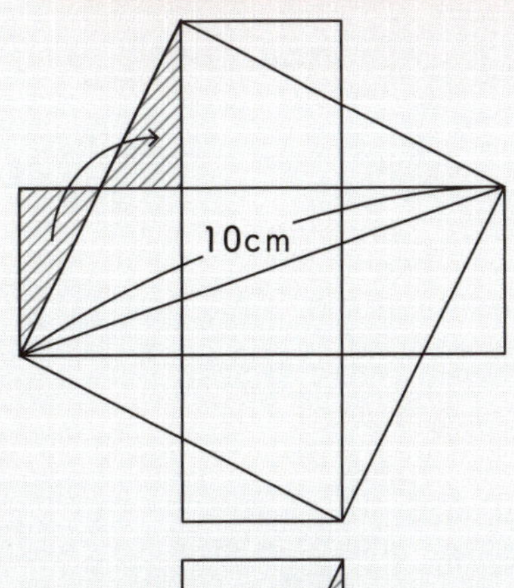

斜線部分の三角形は合同※なので外側の三角形を大きい正方形の内側に移動させることができる。

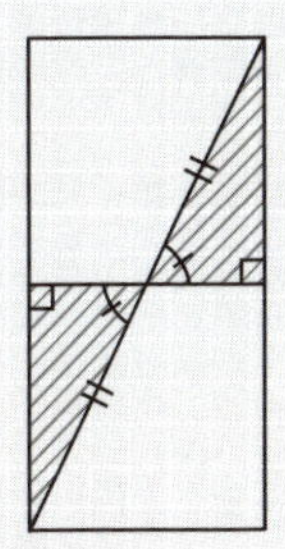

※長方形を考えると、対角線を中点で区切っているので、斜辺の長さは同じ。また、対頂角は等しい。よって、直角三角形の斜辺と1つの鋭角がそれぞれ等しいので、合同。

③ 全ての三角形を内側に移動する

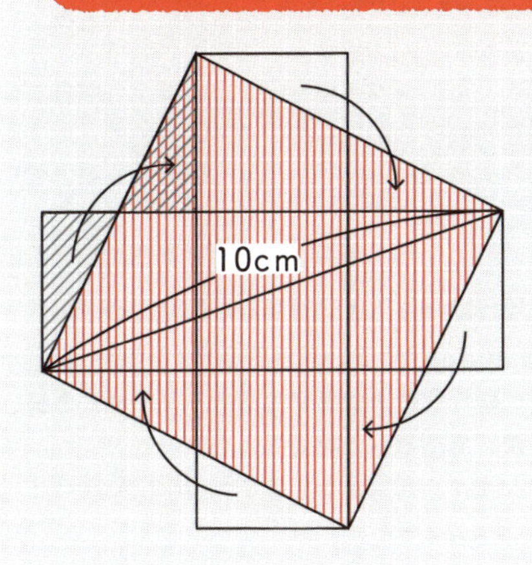

外側の三角形を、全て内側に移動すると、最初の 5 つの正方形の面積は、作った大きい正方形の面積に変形できる。

④ 面積を計算する

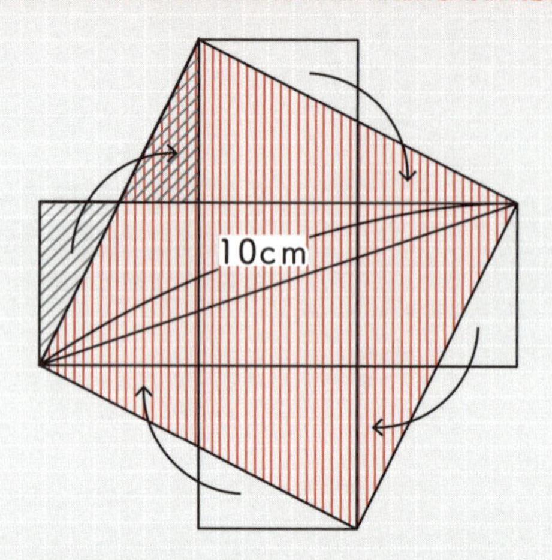

正方形はひし形に含まれることから、大きい正方形の面積は、
ひし形の面積＝対角線×対角線÷2を使って、

10×10÷2＝50（㎠）

正方形1つの面積は、50÷5＝10（㎠）

これが初見でわかったら気持ちいいだろうな～！

今回のようなきれいな等積変形がまさしは大好物です！

まさしメモ

1つの大きい正方形を作るところでびっくりした人もいたかもしれません。今回は、①大きい視野を持っているか ②正方形の面積はひし形の面積の公式でも求めることができることを知っているか、を問われた問題でした！
本書を解いていくことで、両方の力を養うことができるので、楽しんで解いていきましょう！

問題 3

三日月みたいな形だけど…？

難易度 ★★★★☆　気持ちよさ ★★★★★

Q.

平行な直線にぴったりはまった2つの同じ円がある。
斜線部分の面積を求めよ。

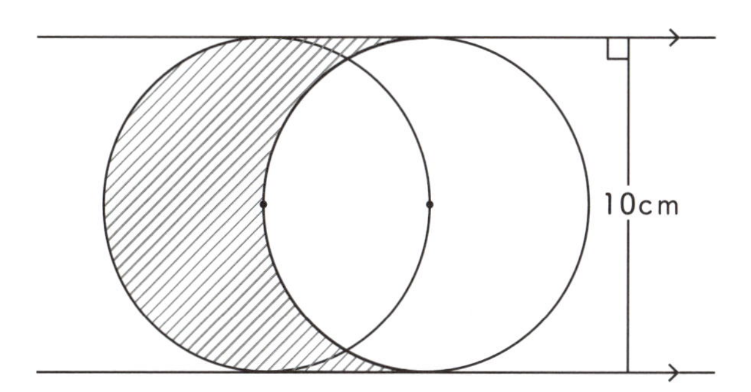

Hint

これは円周率を使わずに解ける問題だよ！
変な形だけど、求める部分を移動させることで見たことがある形に…!?

この発想で解く

円の中心に着目することがポイント！
中心を通る、ある線をひくと、
図形の美しさに感動すること間違いなし。

解けた人は答えをチェック

A. 50㎠

半円の面積は求められるけど、
それ以外の面積はどうやって求めればいいかな…？

ふふふ、分割しなくても求められる方法があるよ！

解説

① 円の中心を通る垂線をひく

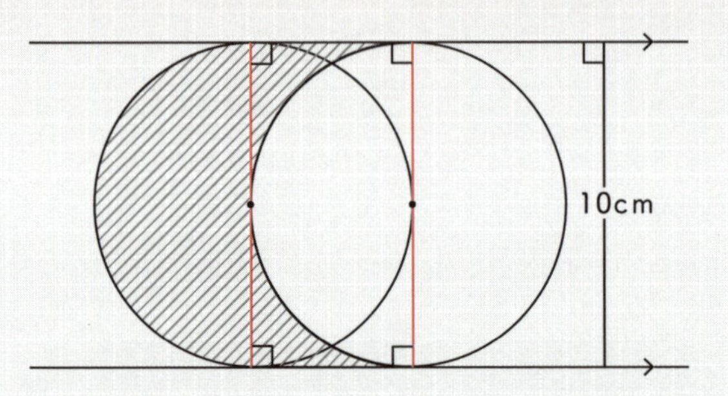

それぞれの円の中心を通る垂線をひく。

② 左の円の左半分を、右の円の左半分に移動する

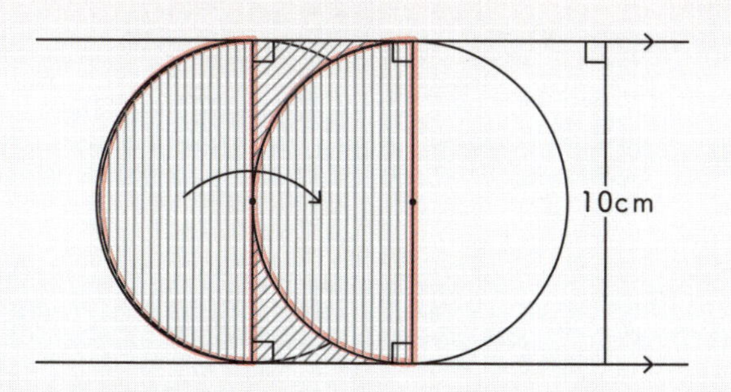

左の円の左半分の面積は右の円の左半分の面積と等しいので、
移動させる。

③ 斜線部分の面積を長方形として考える

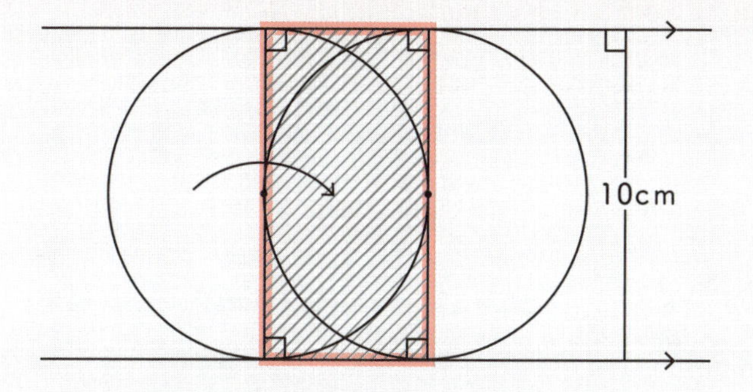

求める斜線部分の面積は、長方形の面積と同じ。

あれだけややこしい形がめっちゃスッキリした！

まさかこんなきれいに長方形になるとは思わないよね。

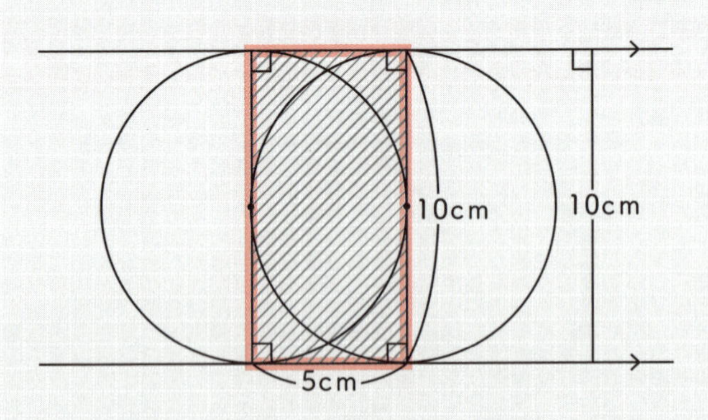

長方形のたての長さは10cm、よこの長さは円の半径だから5cm

求める面積は10 × 5 = 50（㎠）

気持ちよすぎる！ これは家族や友達に出してみたいな。

学んだことをアウトプットするのは、学習効果もあるからおすすめ！

まさしメモ

これは正直、初見で解くのは難しいと思います！
でも、今回も使ったけど円の問題はやはり「中心」がキーになることが多いから、毎回円を見たら心の中で「中心！」って叫んでみてください！

問題4

親の顔よりたくさん見る問題

難易度 ★★★☆☆　気持ちよさ ★★★★☆

Q.

1辺が6cmの正方形の中に2つのおうぎ形が組み合わさってできた図である。斜線部分の面積を求めよ。
ただし、円周率は3.14とする。

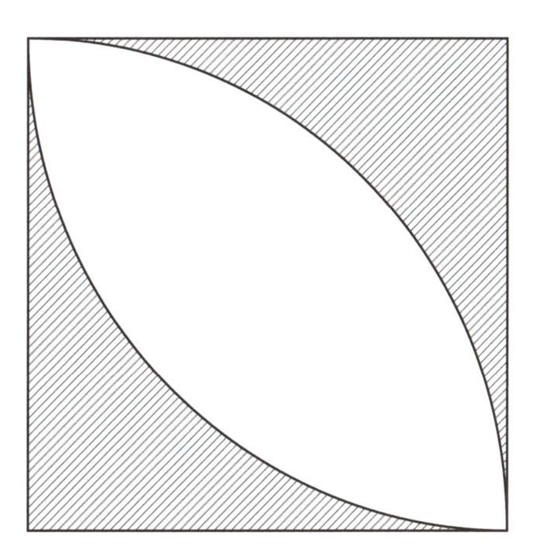

Hint

このままだと求めるのは難しいから、
面積を変えずに図形を変形しよう！
葉っぱ型ではなく、半円の形だったら求めやすいけど…？

この発想で解く

この問題は解き方がたくさんあるけれど、
これから紹介する解法はまだ見たことがない人も多いと思う。

解けた人は答えをチェック

A. 15.48㎠

解説

① 右上の斜線部分に着目する

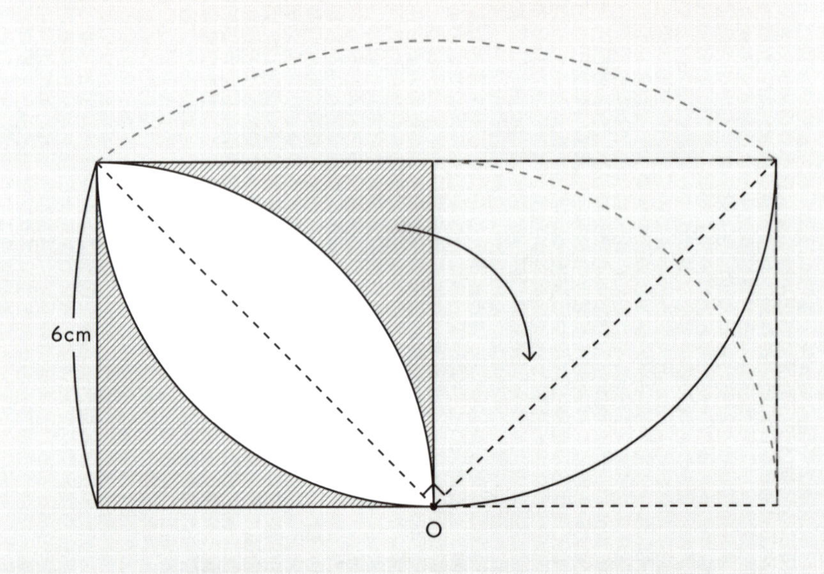

右上の斜線部分を点Oを中心として、矢印の方向に
90°回転移動させる。

② 新たに出来た図形を確認する

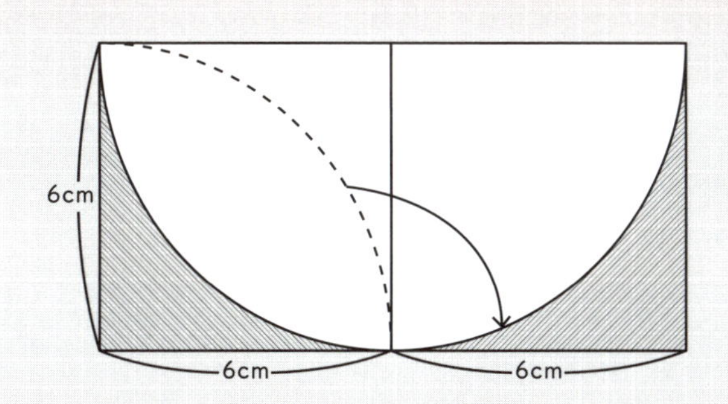

「長方形」と「半円」を作り出すことができた。

うぉ～！　こんな形に変形することができるんだ！

ここまでできたら、斜線部分の面積は簡単に求めることができるね。

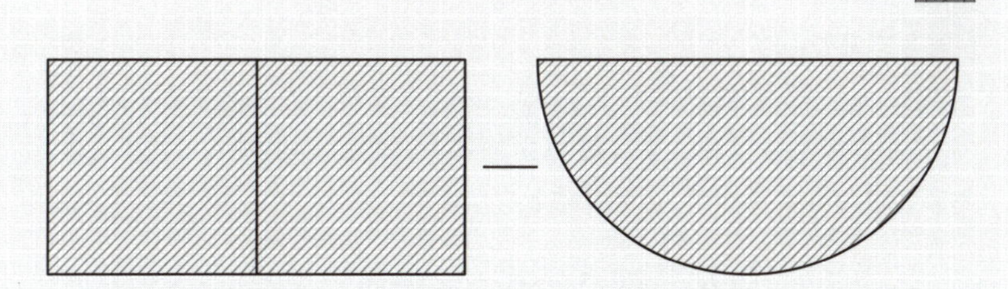

斜線部分の面積を長方形の面積－半円の面積で求める。
長方形の面積は6×（6×2）＝72（㎠）

半円の面積は半径×半径×3.14÷2より、
6×6×3.14÷2＝56.52（㎠）

よって、斜線部分の面積は
72－56.52＝15.48（㎠）

補足

今回の問題は、他にもさまざまな解き方があるんだ！ 2つ紹介するね！

【解き方1】

おうぎ形から直角三角形をひくと、真ん中の葉っぱのような形の半分の面積が求められます。正方形からその面積を2つ分ひくと、斜線部分の面積が求められます。

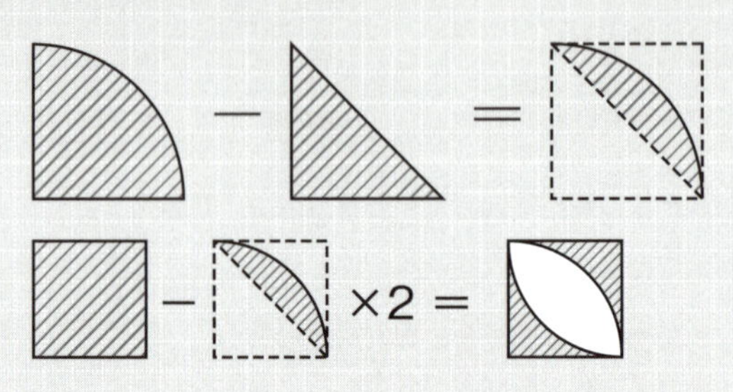

$6 \times 6 \times 3.14 \times \frac{1}{4} - 6 \times 6 \times \frac{1}{2} = 10.26$

$6 \times 6 - 10.26 \times 2 = 15.48$㎠

【解き方2】

実は、一瞬で答えが出る"公式"のような解き方もあります。

真ん中の葉っぱのような形の面積は「正方形の面積に0.57をかける」と求められるので、次の式となります。

$6 \times 6 \times 0.57 = 20.52$（㎠）

$6 \times 6 - 20.52 = 15.48$（㎠）

斜線の部分の面積は、正方形の面積に0.57をかけると求められる。

まさしメモ

問題には見覚えがある人が多いと思うけど、この解き方はあまり見ない人が多いかなと思います。
1つの解法だけでなく、いろいろな解き方を知っておくのもとても重要！

問題 5

円から見えてくる景色

難易度 ★★☆☆☆　気持ちよさ ★★★★☆

Q.

半径2cmの円が4つ敷き詰められている。
斜線部分の面積を求めよ。

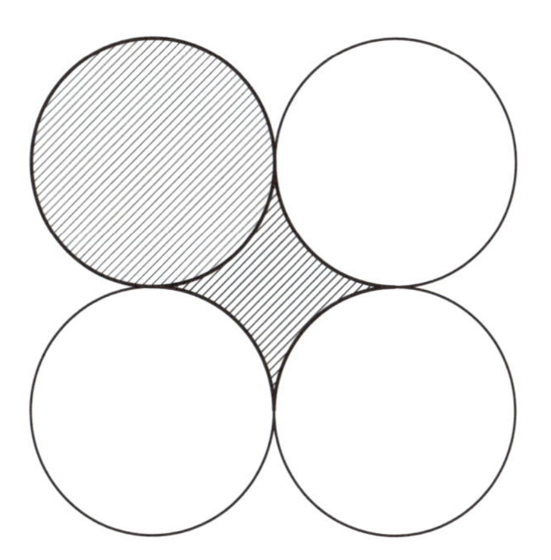

Hint

円の面積は求められそうだけど、
真ん中の部分はどう計算するの…？　って思っちゃうよね。
ただ、円の中心を結んでみると何か見えてくるかも？

この発想で解く

円はまず中心に着目。4つの円の中心を見ると、
円だけじゃなく、四角形も見えてきたんじゃないかな？

解けた人は答えをチェック

A. 16㎠

円の問題は円周率が出てくるでしょ？
ややこしいから嫌いなんだよなぁ。

ふふふ。今回は円周率を使わずに解けるぞ！

解説

① 円の中心を結んで正方形を作る

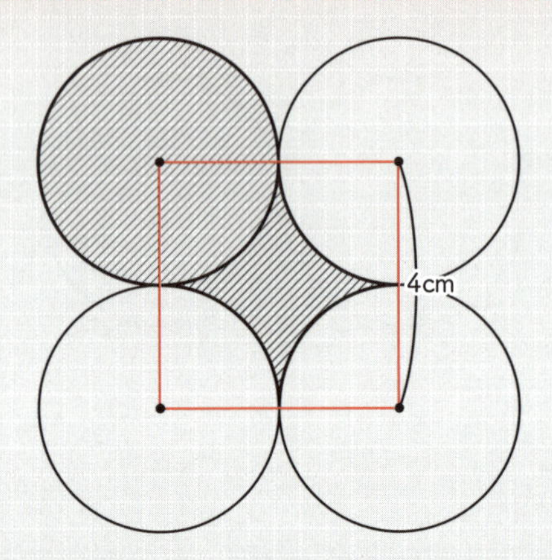

4つの円の中心を線で結ぶと、1辺の長さ※が4cmの正方形が現れる。

※正方形の1辺の長さは、円の半径2つ分2×2＝4（cm）と等しい。

② 左上の円を等分するように、正方形の辺を延長する

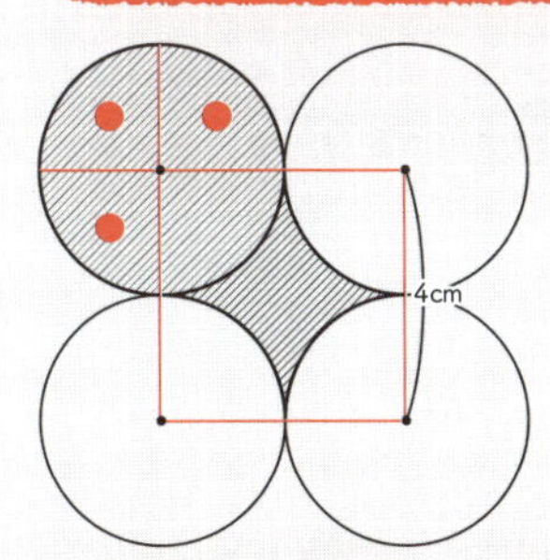

4等分したので、●印がついた面積は
それぞれ同じ、「円の$\frac{1}{4}$」。

③ 正方形に着目する

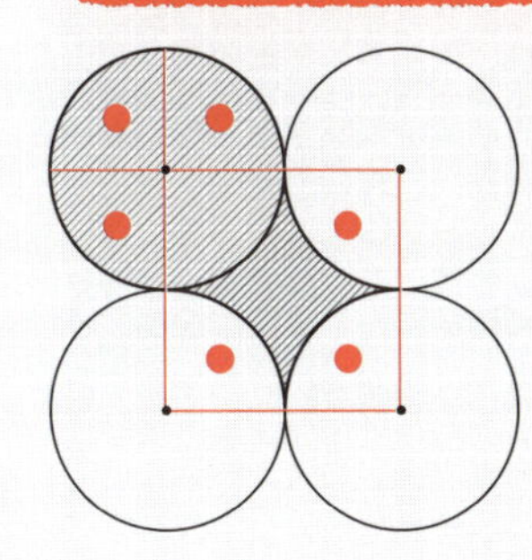

正方形の、斜線部分ではない部分は
それぞれ円の$\frac{1}{4}$。
つまり、左上の円の●印がついた面積は、
正方形の斜線部分ではない部分の面積と
等しいので、移動させる。

左上の円の●印がついた斜線部分が、
すっぽり正方形の中に入るのか！

そう。つまり、正方形の面積を求めれば良いわけだね。

正方形の面積として求めると、4×4＝16（cm²）

まさしメモ

円だけで構成されていると思いきや、
線をひいてみると正方形が隠れている問題でしたね！
これは中学・高校の数学でも言えることだけど、円の問題
は「円の中心に着目する」ことで解けることが多いから
意識してみましょう！

COLUMN 3

日本独自の数学「和算」って？

江戸時代、日本では独自の数学「和算」が発展しました。特に神社や寺に奉納された「算額」は、難解な数学問題を木の板に書き、多くの人に挑戦させる文化で、西洋には見られない独自の知恵比べでした。日本人の数学力を示す象徴だったと言えるでしょう。驚くべきことに、和算では、本書の冒頭でも取り上げた三平方の定理（ピタゴラスの定理）や高次方程式、円に関する高度な問題まで扱われていました。西洋数学が伝わる前に、すでに日本の数学者たちは独自の方法で数学を発展させていたのです。「算額」は、現在でも日本各地の神社や寺で見ることができます。ぜひ直接現地を訪れて、江戸時代の問題にチャレンジしてみてください！

［算額が見られるところ］放生津八幡宮（富山県射水市）
伊佐爾波神社（愛媛県松山市）

3章

やみつきになる角度の問題

3章では、角度を求める問題が大集合。

図形の特徴をとらえ、補助線をひくという
基本は変わりません。

角度にとらわれず、図の全体を見て
30°・60°・90°の直角三角形、
二等辺三角形、合同な図形
などがないか確認しましょう。

とびきり面白い問題ばかりなので、
ぜひメモをしながら考えてみてください。

問題 1

パッと見、簡単そうだけど…？

難易度 ★★★★☆　気持ちよさ ★★★★☆

Q.

三角形ABDのあの角度を求めよ。

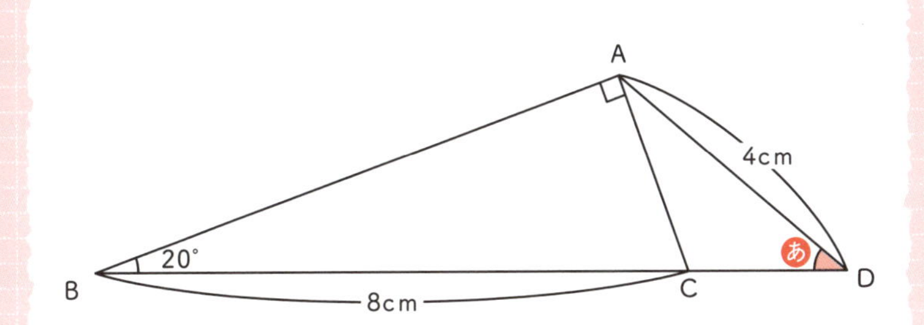

Hint

4cmと8cmだから、辺の長さの比が1:2の三角形！ と飛びつくのは間違い。4cmと8cmは1つの三角形の辺の長さではないね。
今回は∠BAC = 90°に着目しよう！
円の中で、直径を1辺とする三角形は直角三角形になることから…？

この発想で解く

直角三角形が内接する円を使って考える。
直角三角形の場合、どこかに円が隠れていることがたまにあるので、
頭の隅にいれておくといいよ！

解けた人は答えをチェック

A. 40°

解説

1 三角形 ABC が内接するように円をかく

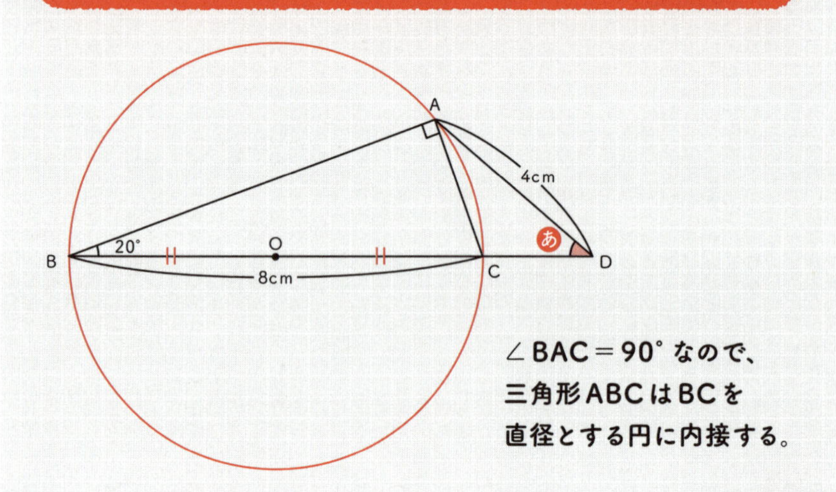

∠BAC＝90° なので、
三角形ABCはBCを
直径とする円に内接する。

うわぁ！ これに気づいたらいけそうだね！

円の性質を使って解いていこう。

❷ 円の中心Oと点Aを結ぶ

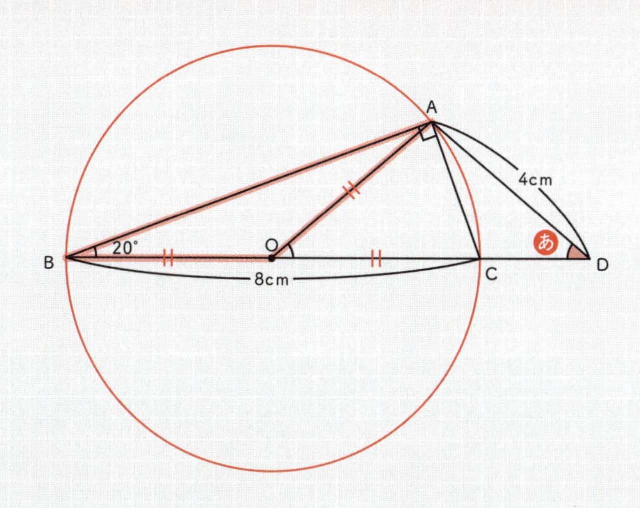

OA、OB、OCは円Oの半径なので、長さが等しい。
つまり、三角形OABは二等辺三角形で底角は等しいので、
$\angle OAB = \angle OBA = 20°$

外接円が使えるときの見極め方があったら知りたいなあ…。

直角三角形が出てきて行き詰まったときは、
円周角の定理が使えないか考えるのがいいよ。

これがあったら必ず使える！　みたいな魔法のコツはないのかあ…。

残念ながらそういうものはないけれど、こうして問題を
解いていくうちに解法に気づく速度は上がるから、積み重ねだね。

④ さらに二等辺三角形を見つける

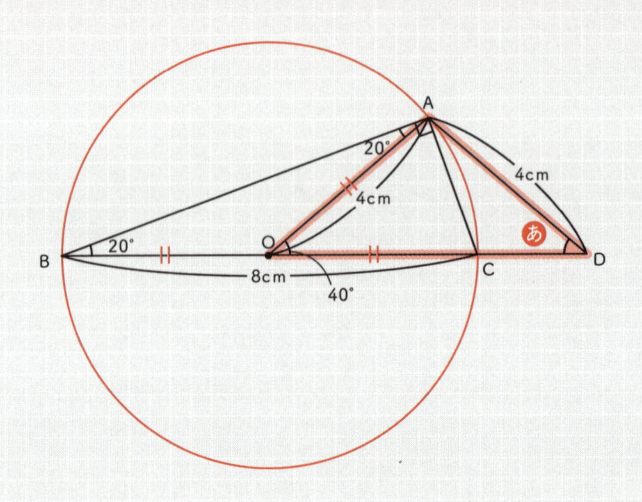

三角形OABにおいて、外角の定理から、∠AOD＝40°
また、BCは円の直径で8cmなので、半径は4cm
つまり、OA＝4cm

よって、三角形ODAは二等辺三角形で
底角は等しいので、
∠ADO＝∠AOD＝ 40°

まさしメモ

初見で三角形の外接円をかくという発想はなかなか出てこないですよね！（まさしはこの問題を解いて以降、直角三角形を見るたびに外接円を考えるようになりました笑）
この問題をきっかけに、直角三角形を見たら、「円が使えないか」を考える習慣をつけてもらえたらうれしいです。

問題 2

えっ！ 数字は!?

難易度 ★★★☆☆ 気持ちよさ ★★★★☆

Q.

2つの同じ正方形の中におうぎ形がぴったり入っている。
あの部分の角度を求めよ。

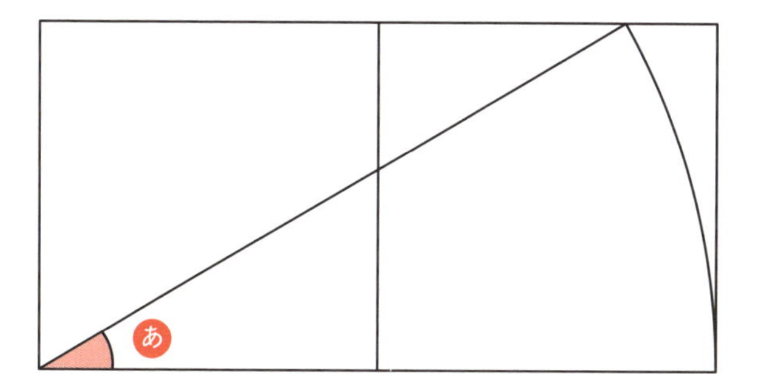

Hint

数字が一切ないのに解けだなんて、問題間違ってない？
と言いたくなるこの問題。角度や長さがわからない場合は、
「30°・60°・90°の直角三角形」や「正三角形」を作ると解けるよ！

この発想で解く

特別な直角三角形を使えば角度も求められるのです！
長さがわからなくても、わかることをかきこんでいくことが基本。

解けた人は答えをチェック

A. 30°

解説

① 正方形の1辺の長さを1とする

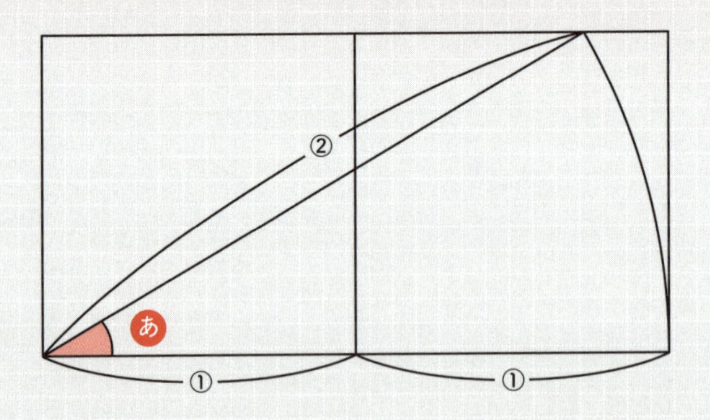

正方形の1辺の長さを①とすると、おうぎ形の半径は、
正方形の1辺の2つ分なので、②になる。

辺の比が1と2…、まさか！

そう。あの三角形が見えてくるね。

② 下図のように垂線をひく

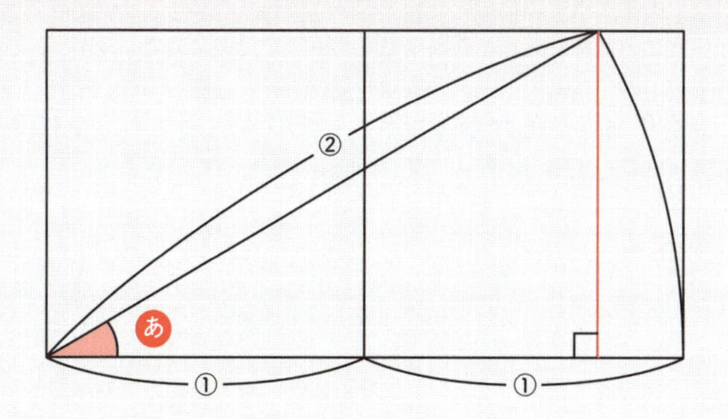

直角三角形ができたね！

③ 2辺の比が 1：2の三角形に着目する

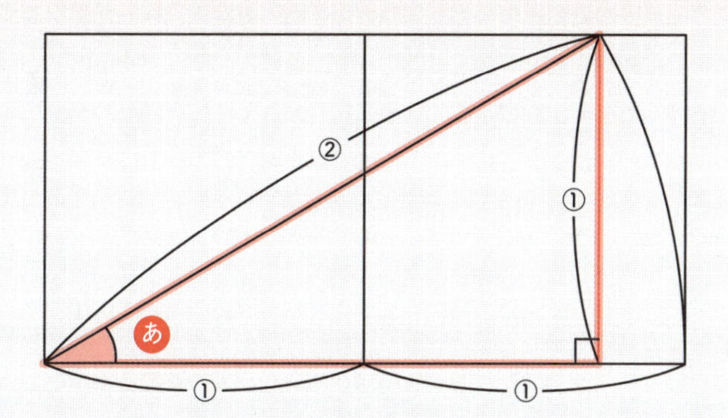

垂線の長さは、正方形の1辺の長さと同じなので①。よって、
赤で囲まれた三角形は、最も短い辺と、最も長い辺（斜辺）の比が
1：2の直角三角形。つまり、30°・60°・90°の直角三角形である。

よって、あの角度は 30°

補足

今回の問題の類題を紹介します。ぜひ力試しをしてみてください！

Q.

長方形の中におうぎ形がぴったり入っている。たての長さは3cmである。斜線部分の面積を求めよ。円周率は3.14とする。

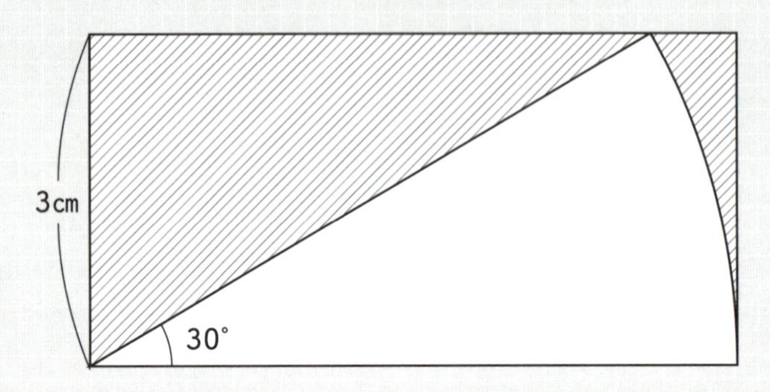

（白百合学園中　2006年　改）

角度じゃなく、面積を求める問題か！ 30°がわかっているから解けそう。

式と答えはP100にあります！

今回のポイントは

「自分で辺の長さを決める」ところでした！

これをするだけで、グッと解きやすくなりますね。

問題 3

ノー数字ペンタゴン

難易度 ★★☆☆☆　気持ちよさ ★★★☆☆

Q.

正五角形ABCDE、正三角形ABFがある。
あの角度を求めよ。

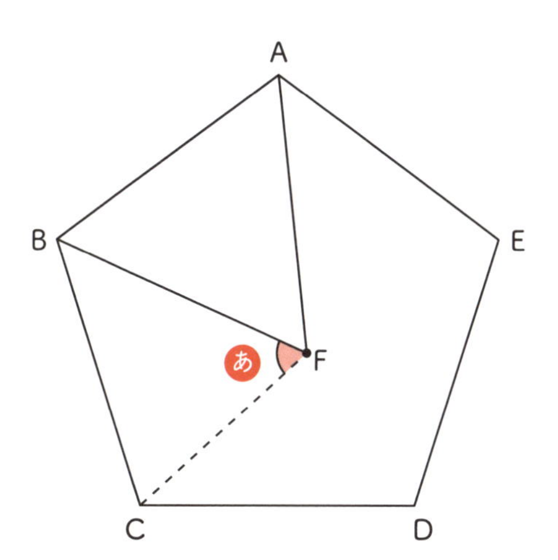

（成城学園中　2020年　改）

Hint

問題文からわかることをどんどんかきこんでみよう！

角度の大きさが等しい角、
長さが等しい辺に印をつければ、もうおしまい!

解けた人は答えをチェック

A. 66°

わかることといえば、正五角形の1つの内角、正三角形の1つの内角、正五角形だから5つの辺の長さは同じ、正三角形だから3つの辺の長さは同じ、とかかなぁ。

解説

① 正三角形ABFに着目する

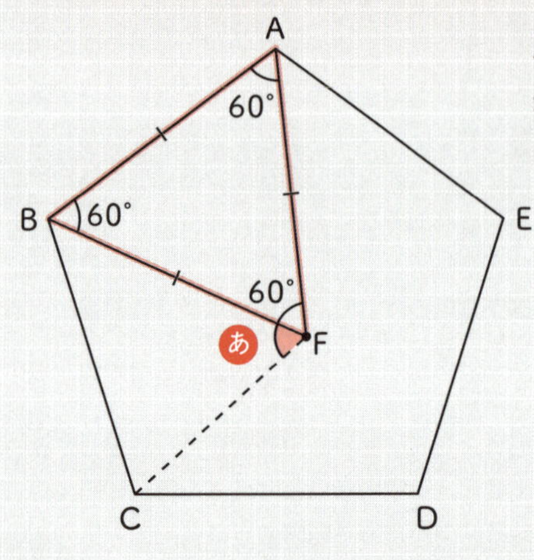

正三角形なので、3つの辺の長さが等しく、3つの内角はそれぞれ60°

【P98の式と答え】おうぎ形の中心角が30°なので、補助線をひいて30°・60°・90°の直角三角形を作る。
作った直角三角形の辺の長さの比は1:2のため、おうぎ形の半径は6cm
おうぎ形の半径の長さと長方形のよこの長さは等しいので、長方形の面積は$3 \times 6 = 18$(㎠)
おうぎ形の面積は$6 \times 6 \times 3.14 \times \frac{30}{360} = 9.42$(㎠)　斜線部分の面積は、$18 - 9.42 = 8.58$(㎠)

② 正五角形の1つの内角を考える

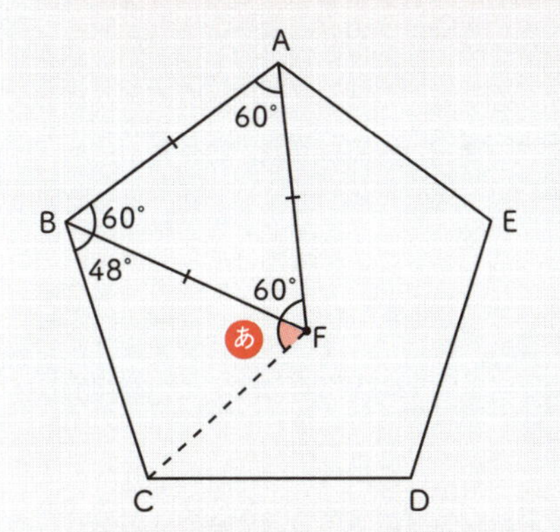

n角形の内角の和は
180°×(n－2) なので、
正五角形の内角の和は
180°×(5－2)＝540°
正五角形の1つの内角は、
540°÷5＝108°
よって、
∠CBF＝108°－60°＝48°

③ 三角形 BCF に着目する

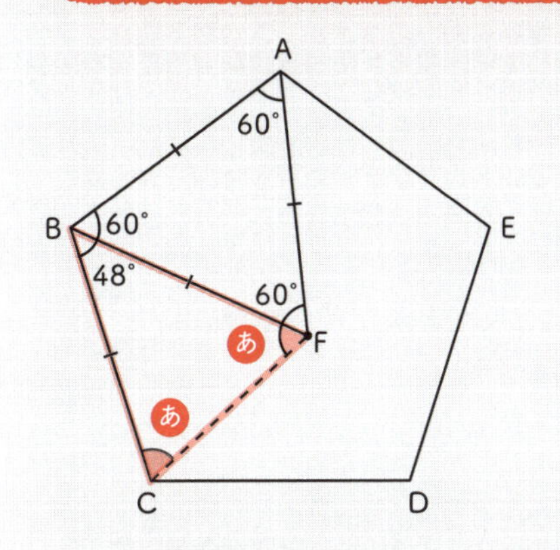

正三角形ABFより、AB＝BF
正五角形ABCDEより、AB＝BC
よって、BF＝BC
三角形BCFは、二等辺三角形である。

二等辺三角形の底角は等しいので、あと∠BCFの角度は等しい。
三角形の内角の和は180°なので、

48°＋あ＋あ＝180°
あ＋あ＝132°
あ＝ **66°**

補足

今回の問題の類題を紹介します。ぜひ力試しをしてみてください！

Q.

正五角形の内部に点Fがある。AEとAFの長さは同じである。

あの角度を求めよ。

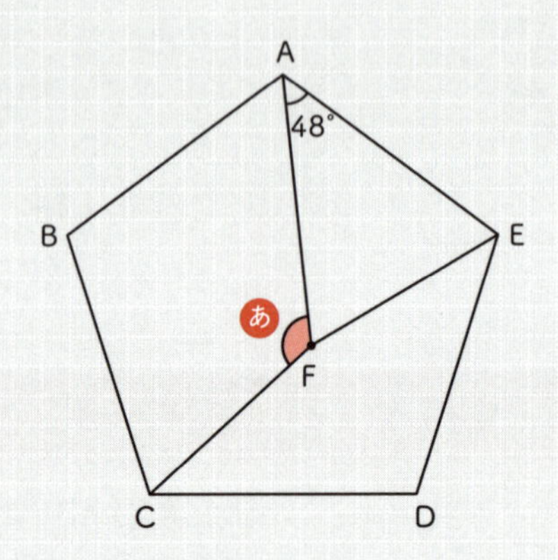

これ解けなくね？ あ…！ 正五角形の1つの内角を使えばいいのか！

式と答えはP105にあります！

正五角形、正三角形、二等辺三角形の性質をそれぞれ使った良問でしたね！

今回のようにいろいろな図形の特徴をおさえておくことは非常に重要なので、本書を通してマスターしましょう！

問題 4

見たことある角度だけど？

難易度 ★★★★☆　気持ちよさ ★★★☆☆

Q.

三角形ABCで、DCの長さはBDの2倍である。
あの角度を求めよ。

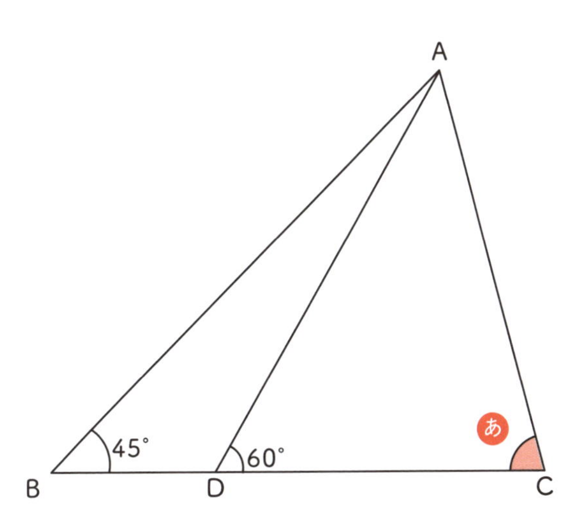

Hint

45°や 60°があるってことは、直角二等辺三角形や特別な直角三角形、正三角形を使えそうだけど…？ そう思ったあなた！ 素晴らしい！
その考えで進んでいきましょう！

この発想で解く

60°が出てきたら、30°・90°のセットの
三角形が作れないかを考えよう。
この直角三角形ができると、辺の長さの比がわかるから一気に前進する。

解けた人は答えをチェック

A. 75°

解説

① 頂点Cから辺ADに垂線をひく

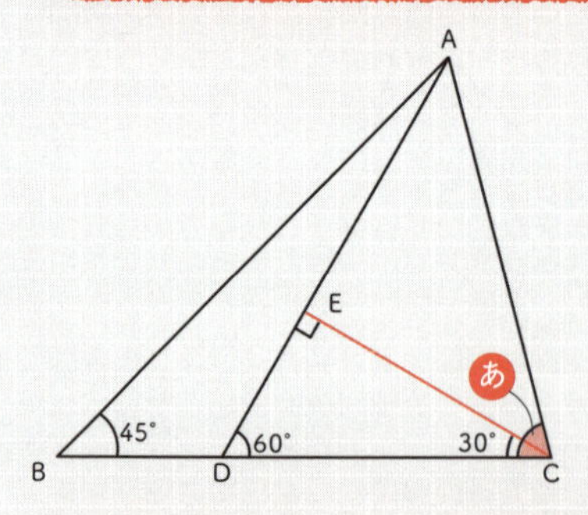

30°・60°・90°の直角三角形ができる。

② 辺の比を確認する

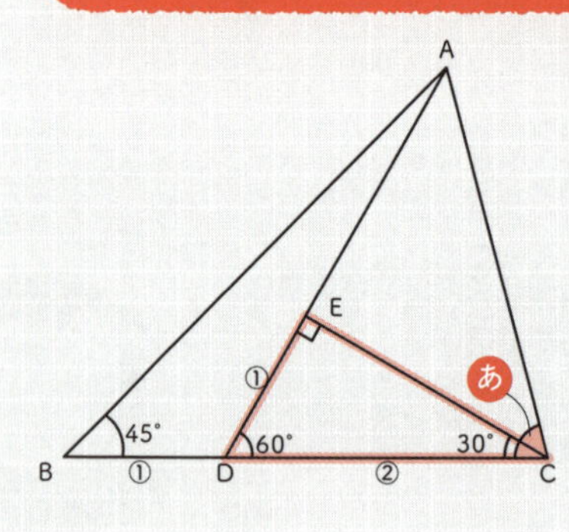

30°・60°・90°の直角三角形は、最も短い辺と最も長い辺（斜辺）の比は 1：2 となる。
また、問題文からDCの長さを②とすると、BDの長さは①となる。

③ 点Bと点Eを結ぶ

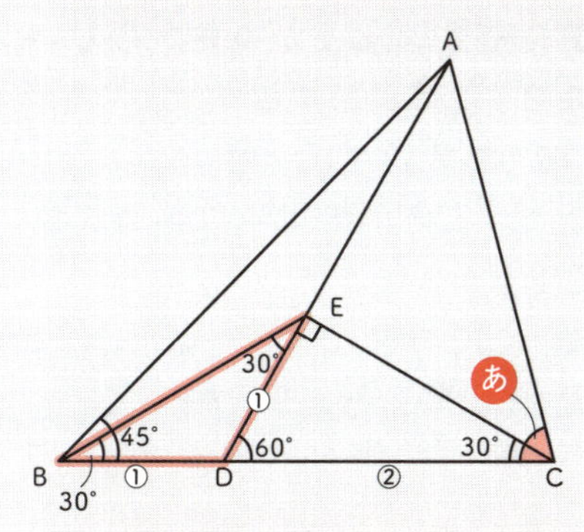

三角形BDEは、
BD＝EDの二等辺三角形。
∠BDEは180°−60°＝120°から、
二等辺三角形BDEの底角は
（180°−120°）÷2＝30°

④ 三角形BEAに着目する

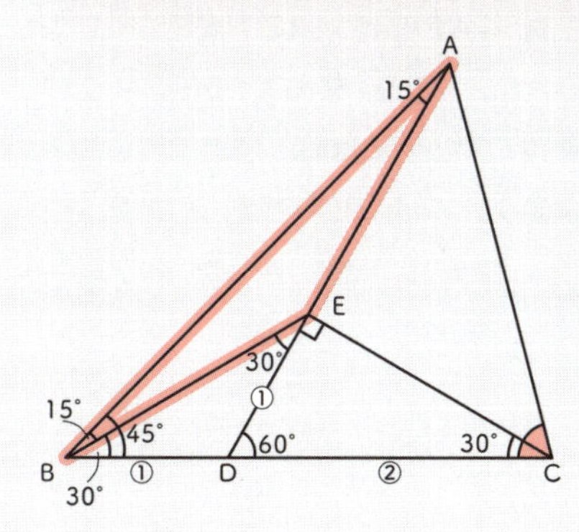

∠BEAは、180°−30°＝150°
∠ABEは、45°−30°＝15°
三角形の内角の和は180°なので、
∠EABは
180°−（150°＋15°）＝15°
2つの角が等しいので、三角形BEAは二等辺三角形である。

どんどんいろんな三角形がひもとかれていく…！

じゃあ、最後の詰めにいこうか！

【P102の式と答え】点Bと点Fを結ぶ。正五角形の１つの内角は108°より∠BAF＝108°−48°＝60°
三角形ABFは、AB＝AFで二等辺三角形。底角は∠ABF＝∠AFB＝（180°−60°）÷2＝60°
よって、三角形ABFは正三角形。三角形BCFはBC＝BFで二等辺三角形。
頂角は∠CBF＝108°−60°＝48°で、底角は∠BCF＝∠BFC＝（180°−48°）÷2＝66°よって、答えは60°＋66°＝126°

⑤ 三角形BCEに着目する

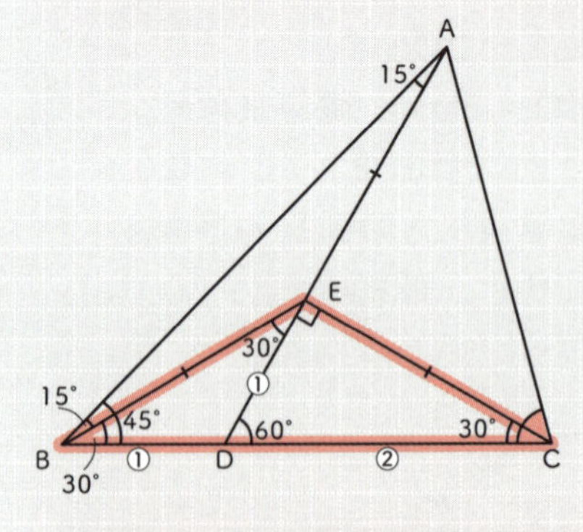

三角形BCEは2つの角が等しいので、二等辺三角形。
つまり、BE＝CE…❶
③で、三角形BEAも二等辺三角形とわかったので
AE＝BE…❷
よって、❶、❷から、AE＝CE

⑥ 三角形AECに着目する

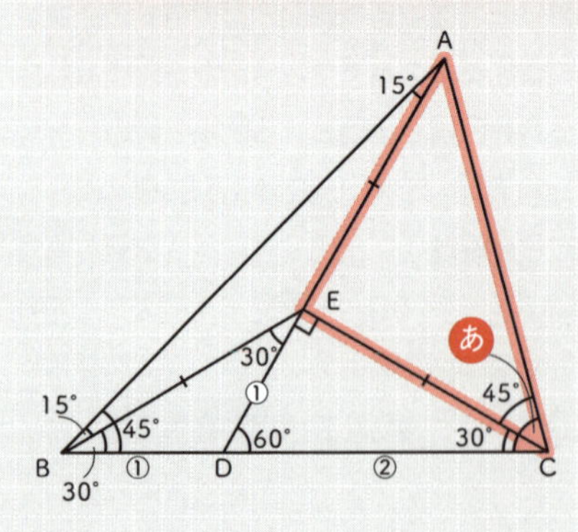

三角形AECは、AE＝CE、
∠AEC＝90°なので、
直角二等辺三角形。
つまり、∠ACE＝45°なので、
あの角度は、30°＋45°＝**75°**

まさしメモ

シンプルな問題文からは想像もできないほど、いろいろな三角形の性質を使いましたね！
どんどん発見をして、それを武器にして解いていく、この感覚がたまらなく気持ちい～！
まさに“この発想エグい”問題ですね！

問題5

別のところの角度をたす!?

難易度 ★★★★☆　気持ちよさ ★★★★☆

Q.

合同な正方形が3つ並んでいる。
あ＋いの角度を求めよ。

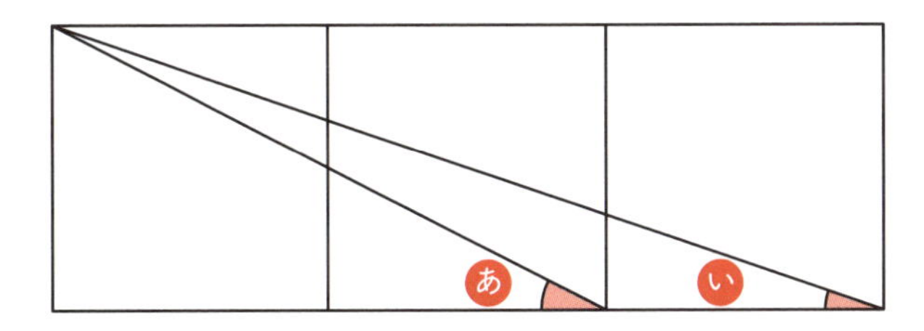

（作新学院中　2023年　改）

Hint

長さも角度もわからないときは、
「30°・60°・90°の直角三角形」や「正三角形」、
「直角二等辺三角形」が作れないか探してみよう！

この発想で解く

とにかく90°が使える三角形を探すことで、
正方形を増やして考えるという道筋が見えてきます。
とはいえこの問題はかなり難易度高め。初見で解けたらすごすぎます。

解けた人は答えをチェック

A. 45°

正方形の性質を使いたいけど…。どう使えばいいの！？

もっと大きく全体を見てみよう！

解説

① 下に正方形を3つ追加する

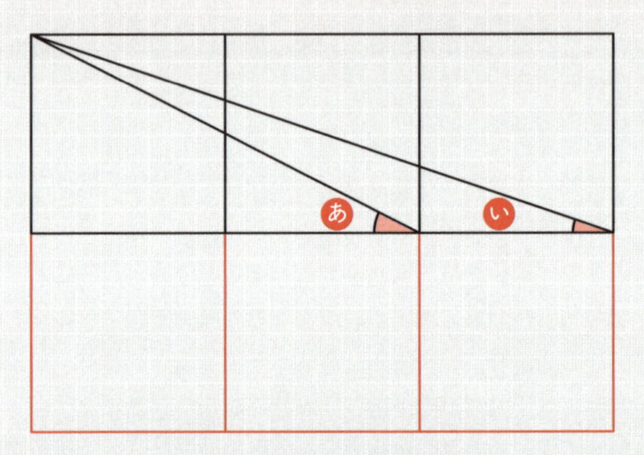

合計6つの正方形ができる。

② 大きい三角形を作る

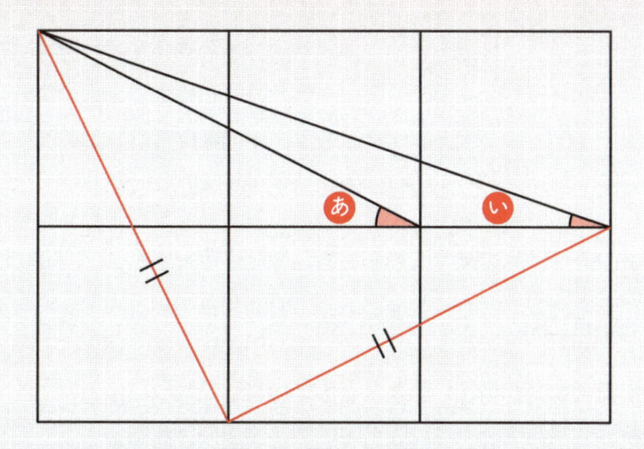

上図のように、正方形2つ分の対角線をひいて大きい三角形を作る。2辺は正方形2つ分の対角線なので長さが等しく、大きい三角形は二等辺三角形である。

③ あの角度に着目する

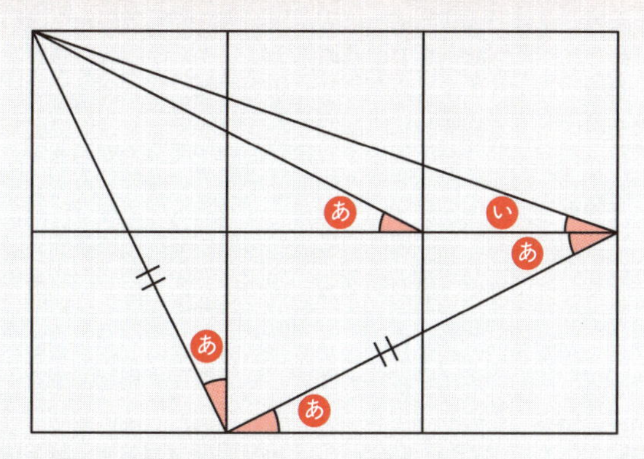

正方形2つ分の対角線を1辺にもつ直角三角形に着目すると、
あ＋いの角度を1つにまとめることができる。
また、あの角度は他にもある。

④ 大きい二等辺三角形に着目する

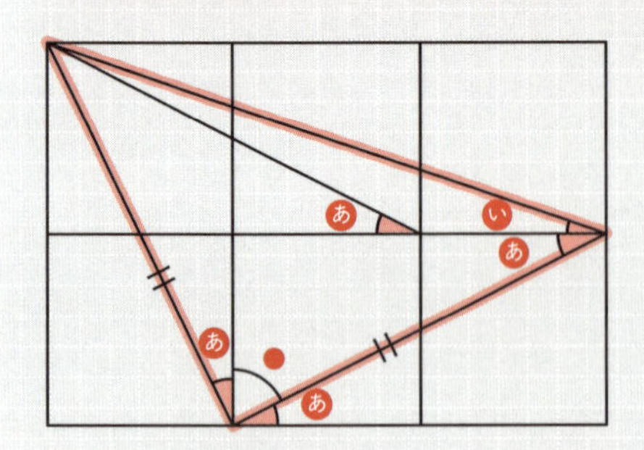

下段の真ん中の正方形に着目すると、正方形の1つの内角は90°なので

●＋あ＝90°

二等辺三角形の頂角も、●＋あなので、90°
この二等辺三角形は、直角二等辺三角形である。

⑤ 直角二等辺三角形の底角に着目する

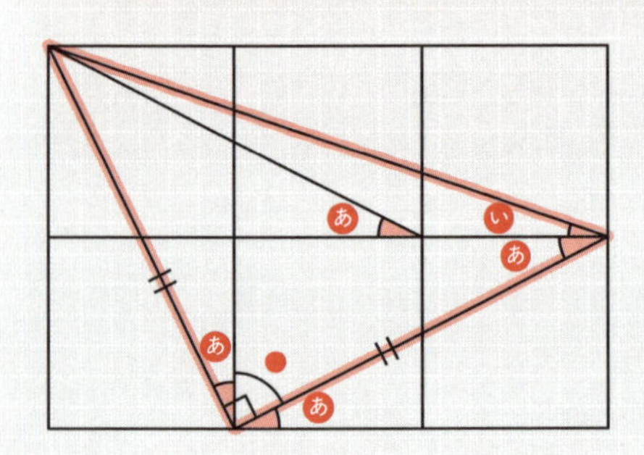

直角二等辺三角形の底角は45°なので、

あ＋い＝45°

まさしメモ

正方形を3つから6つに増やすことで「対角線」を使える幅が増え、解くことができましたね！
このように、何が解くためのヒントになるかを迅速に見極める力を養っていきましょう！（まだまだ問題はありますよ！）

問題6

中学数学で 100%テスト出るやつの応用

難易度 ★★☆☆☆　気持ちよさ ★★★☆☆

Q.

A＋B＋C＋Dの角度を求めよ。

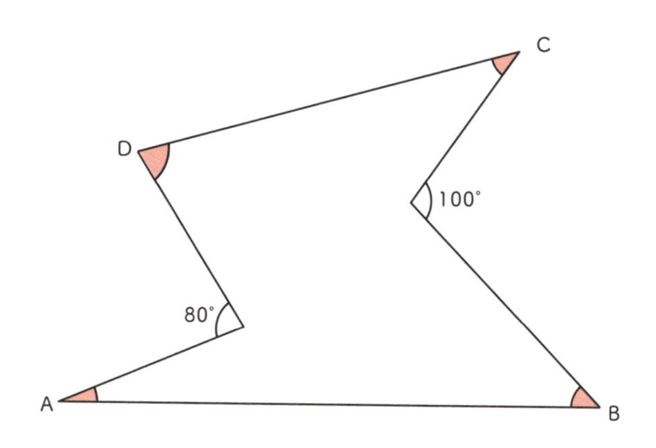

Hint

イナズマみたいな変な形だけど、
たった1本線をひくだけでなじみのある形になるよ！

この発想で解く

**見たことのある形にするのが基本。
ブーメラン型を知っている人は、線をひいたら、
すんなり解ける問題かもしれないね。**

解けた人は答えをチェック

A. 180°

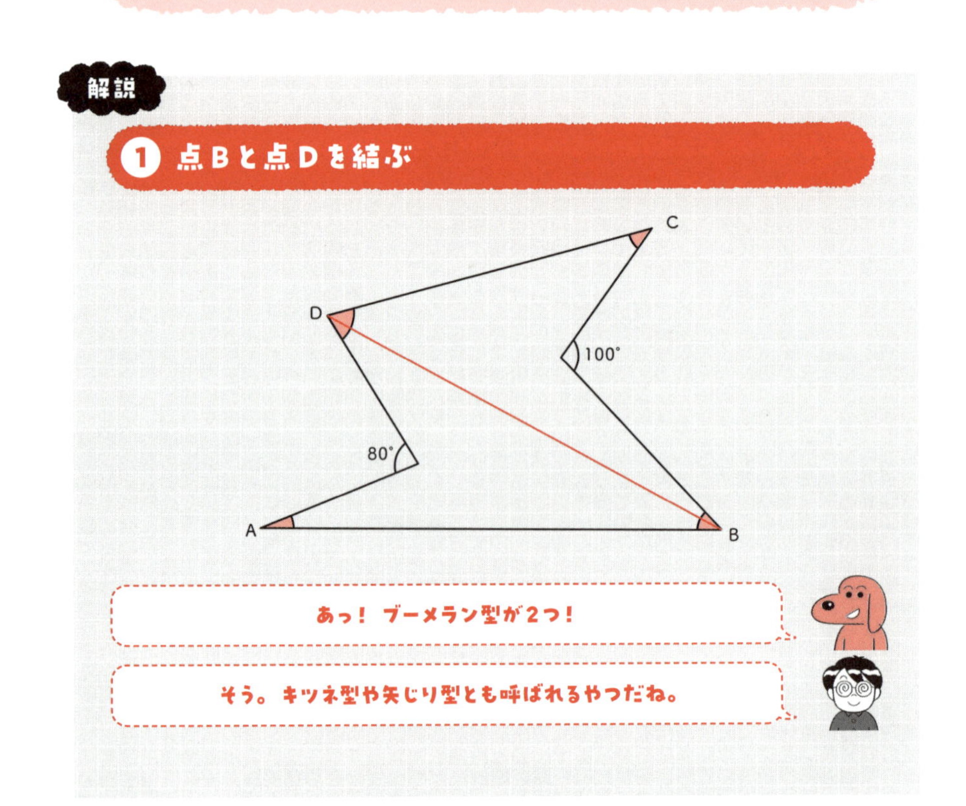

解説
① 点Bと点Dを結ぶ
C
D
100°
80°
A
B
あっ！ ブーメラン型が2つ！
そう。キツネ型や矢じり型とも呼ばれるやつだね。

② それぞれのブーメラン型に着目する

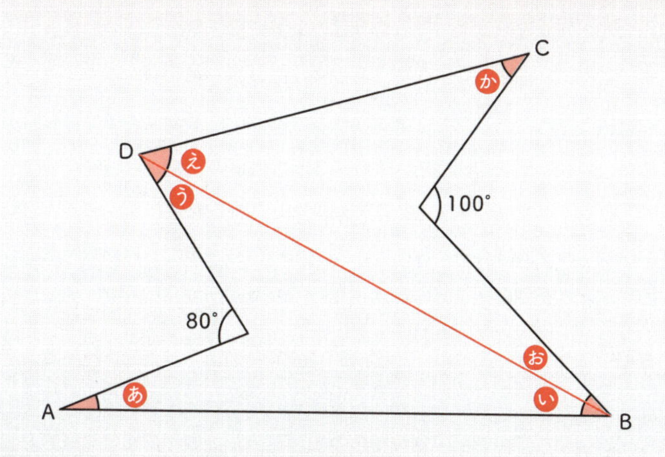

上図のように、それぞれの角度をあ〜かとすると、ブーメラン型の特徴*から

あ＋い＋う＝80°

え＋お＋か＝100°

＊ブーメラン型の特徴については、P114を参照してください。

A＋B＋C＋D＝あ＋（い＋お）＋か＋（う＋え）

＝あ＋い＋う＋え＋お＋か

＝80°＋100°

＝**180°**

式に表すと、なんだか複雑に見えるなあ…。

そうだね。複雑な計算ではなくても、式が長いと計算ミスをしやすいから、等号をそろえるなど計算の基本も大事にしよう！

補足 ブーメラン型の角度の関係が成り立つ説明

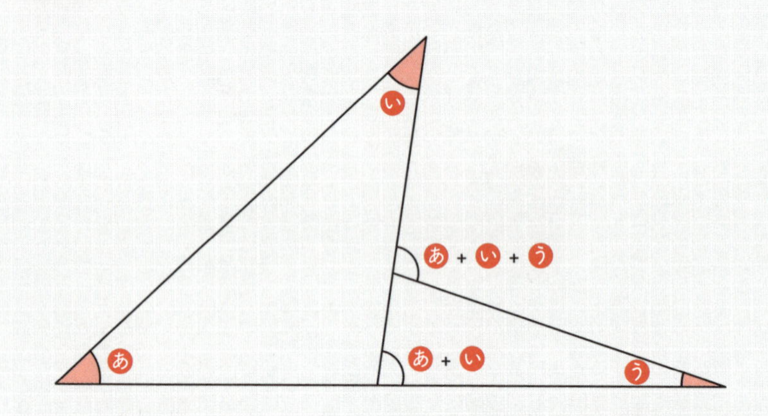

左の三角形に着目して、「三角形の1つの外角は、それと隣合わない2つの内角の和に等しい」（外角の定理）を使う。
右下の三角形に着目して、外角の定理を使う。

今までの問題に比べると、
とてもシンプルだったと思います！
ただ、この手の問題は中学校の定期テストで頻出なので、
絶対に落とさないようにしましょう！

問題 7

小学生でも解けることを疑う問題

難易度 ★★★★☆　気持ちよさ ★★★★☆

Q.

四角形は正方形である。あの角度を求めよ。

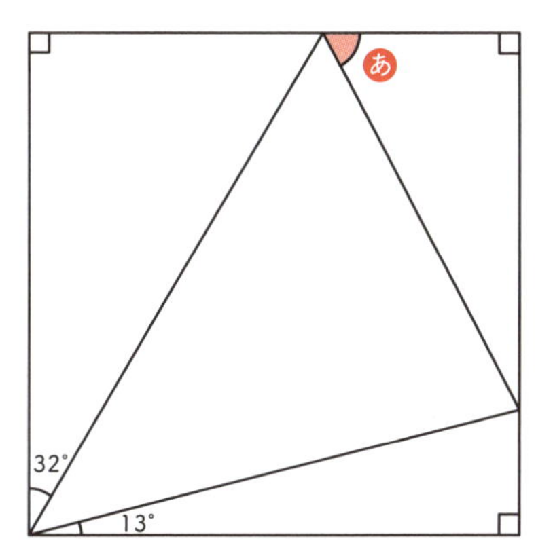

Hint

まずは、わかっている角度からかきこんでいこう！

この発想で解く

嘘みたいな角度が並んでいるけれど、
2つを合わせれば45°になる。
これを使って、三角形を作れないかを考えよう。

解けた人は答えをチェック

A.　64°

解説

① 下図のように、三角形を追加する

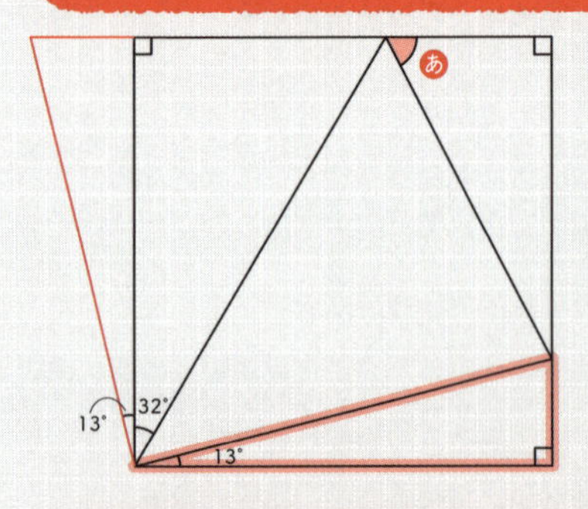

四角形は正方形ということから、4つの辺の長さは等しいので、右下の直角三角形と合同な直角三角形を左図のようにピタッと追加することができる。

② 等しい長さと角度に着目する

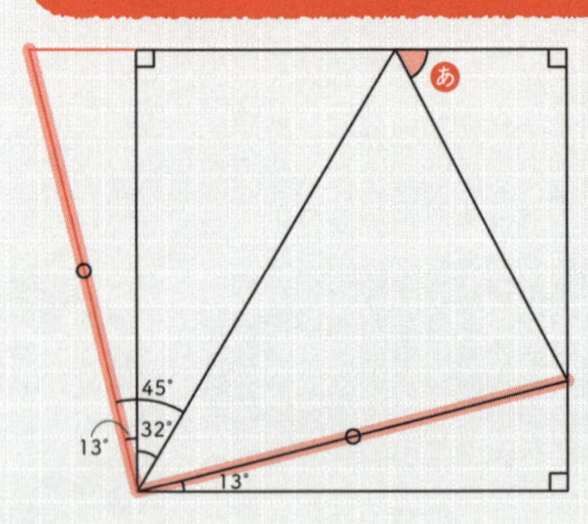

合同な直角三角形を追加したので、印がついた辺の長さは同じ。さらに13°＋32°で、45°の角度がわかる。

③ さらに、角度を求める

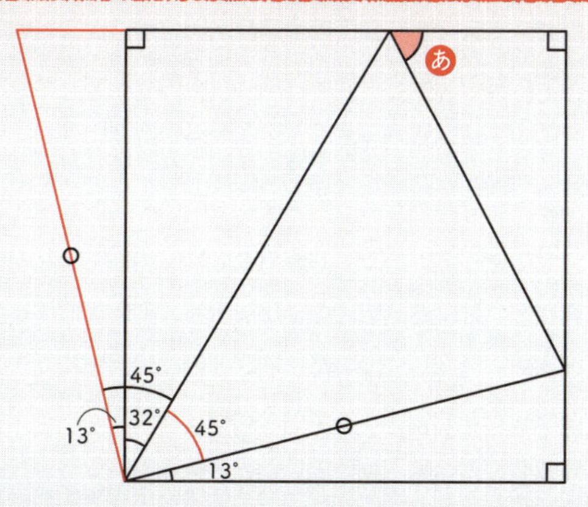

正方形の1つの内角は 90° なので、もう1つ45° の角度がわかる。

④ 下図の2つの三角形に着目する

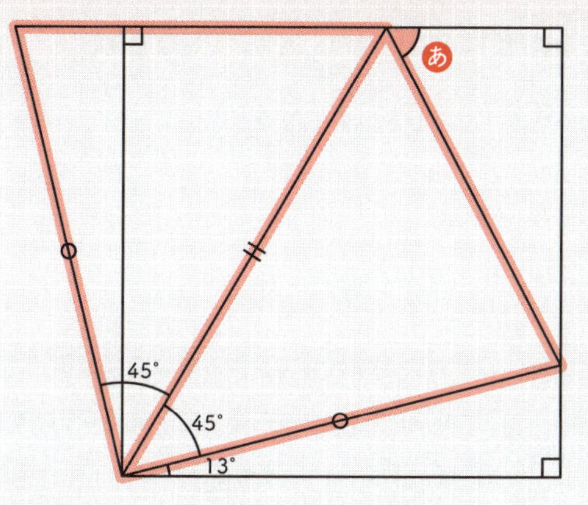

上の2つの三角形は、「2組の辺とその間の角がそれぞれ等しい」ので、合同である。

⑤ 下図の三角形に着目する

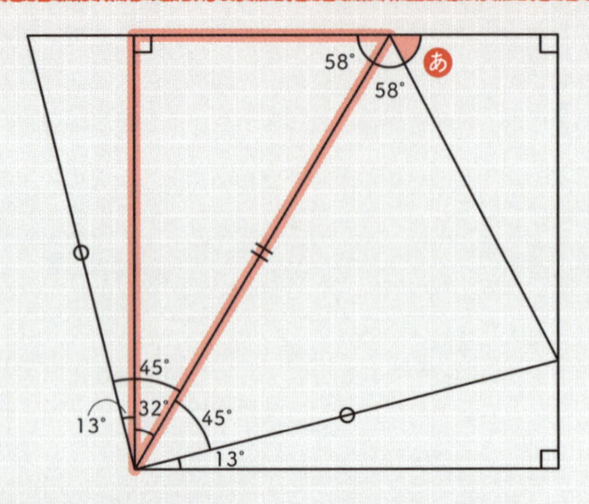

三角形の内角の和は180°なので、残りの角度は

180°－(32°＋90°)＝58°

④で着目した2つの三角形は合同なので、隣の角度も58°

一直線になる角度は180°なので、あの角度は

180°－(58°×2)＝64°

まさしメモ

「45°だったから、てっきり直角二等辺三角形が出てくると思った！」となった皆さん、素晴らしいです。今回は合同を使いましたが、そのように疑ってかかることが図形問題を解く上で非常に大事になってくるので、常に意識しておきましょう！

問題 8

長さの関係がわかると角度がわかるということは？

難易度 ★★★☆☆　気持ちよさ ★★★★☆

Q.

長方形ABCD がある。
AE＋CD＝EDのとき、あの角度を求めよ。

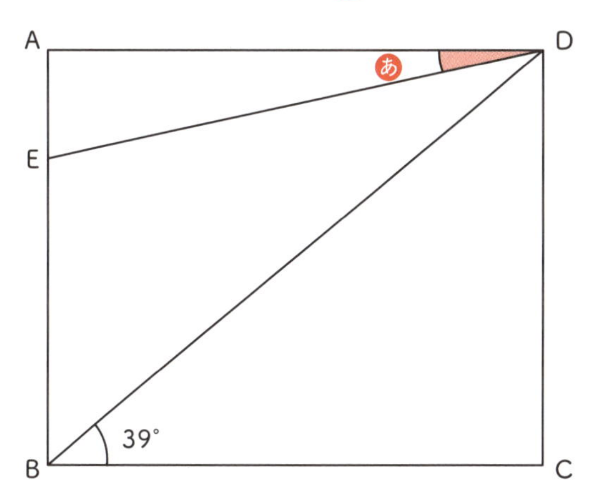

（西大和学園中　2015年　改）

Hint

「問題文では辺の長さしか触れられてないやんけ！」
ってなると思うんですけど、問題文にはとても大事な情報が眠っています。
AEとCDがそれぞれ離れた位置にあるので、まずは1つにしましょう。

この発想で解く

問題文の「AE＋CD＝ED」を使うことがポイント！
三角形AEDに着目して、AE＋CDを1つの線分で表せるように、
図をかきたして考えよう。

解けた人は答えをチェック

A. 12°

解説

1 三角形を追加する

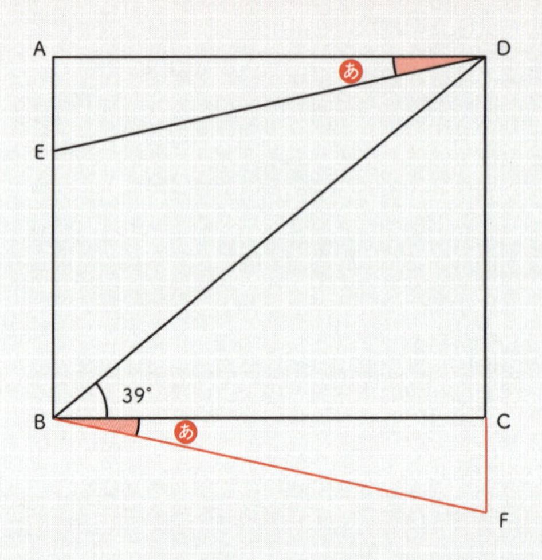

問題の長方形の下に、三角形AEDと合同な三角形をくっつける。

② 三角形BFDに着目する

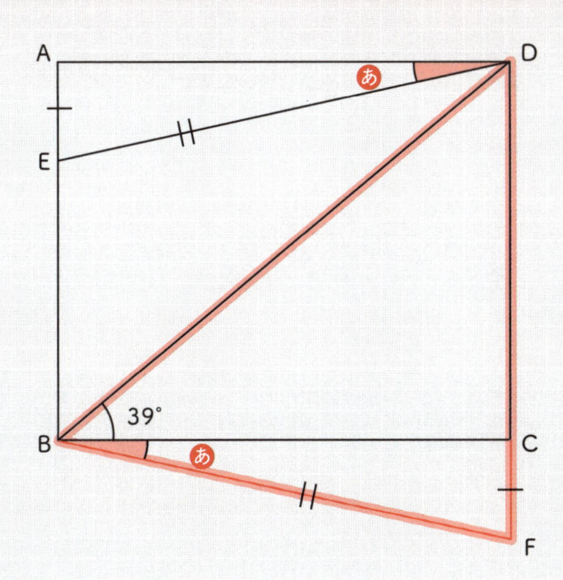

①から、AE＝CF、ED＝FBなので、以下のことがわかる。

問題文より、　AE＋CD＝ED

↓　↓　↓

CF＋CD＝FB

DF＝FB

よって、三角形BFDは二等辺三角形である。

なるほど、問題文の情報はこうやって使うのか！

二等辺三角形が出てきたことで、角の性質が使えるね。

③ 角度を計算する

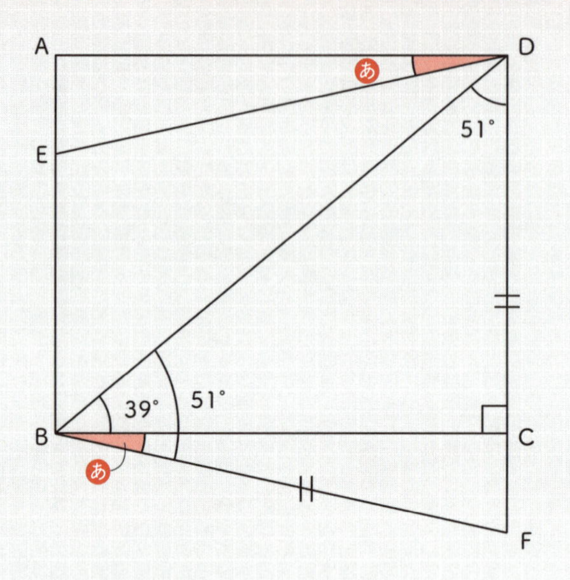

三角形BCDに着目すると、∠BCD＝90°、
三角形の内角の和は180°なので、

∠BDC＝180°－（39°＋90°）＝51°

二等辺三角形FDBの底角は等しいので、∠FBD＝∠FDB＝51°

よって、あの角度は、51°－39°＝12°

まさしメモ

離れた位置にある2つの辺を、図を追加して1つにすることで、一気に解法の手がかりが見えてきましたね！
メキメキと発想力が養われる良問でした！

問題 9

すぐ解けそうに見えるけど…？

難易度 ★★☆☆☆　気持ちよさ ★★★☆☆

Q.

点A、B、C、Dが円Oの円周上にあるとき、
あ＋いの角度を求めよ。

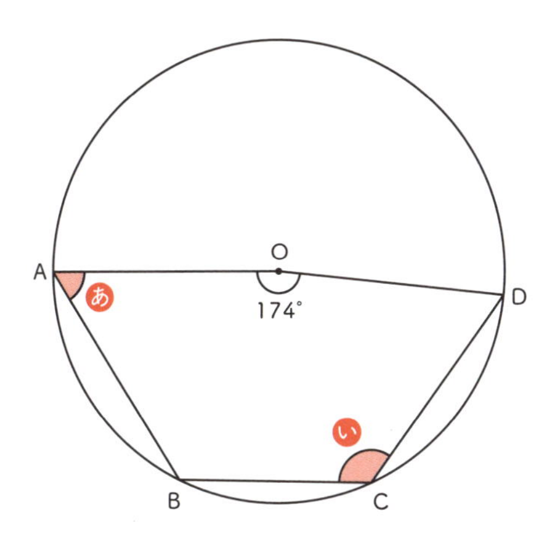

Hint

円の問題は「半径は等しい」ことを使って解くことが多いです！
そのため、半径が出てくるように補助線をひいてあげると…？

この発想で解く

円が出てきたら、必ず半径に着目。
「半径の長さはどこも等しい」ので、二等辺三角形が登場することが多いのも特徴。二等辺三角形の辺の長さや角度を使って解けないか考えてみるようにしよう。

解けた人は答えをチェック

A.　183°

解説

1 半径をひく

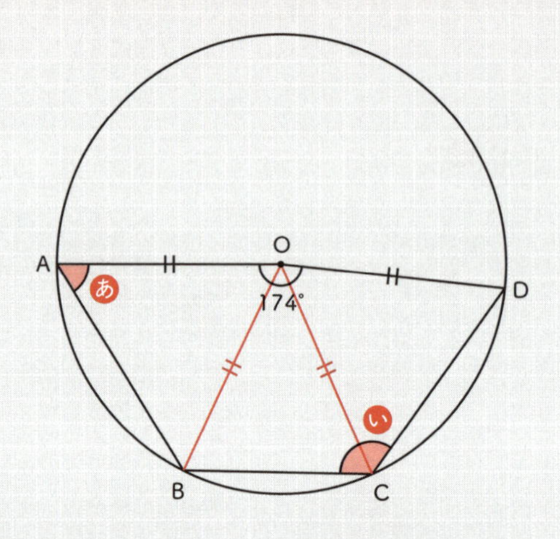

円の中心Oから各点B、Cに補助線をひくと、
円の半径なので、OA＝OB＝OC＝OD
よって、三角形OAB、三角形OBC、三角形OCDは
それぞれ二等辺三角形。

② 二等辺三角形の角度に着目する

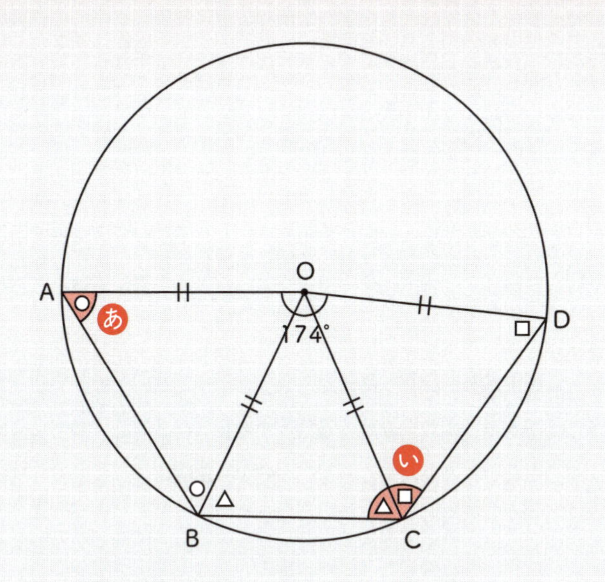

二等辺三角形の底角は等しいので、
上図のように等しい角度を○、△、□とする。

③ 五角形の内角の和を使う

n角形の内角の和＝180°×（n－2）より、nに5を代入すると、
五角形の内角の和は、180°×（5－2）＝540°

よって、次の式が成り立つ：
○+（○+△）+（△+□）+□+174°＝540°
○+（○+△）+（△+□）+□＝540°－174°＝366°

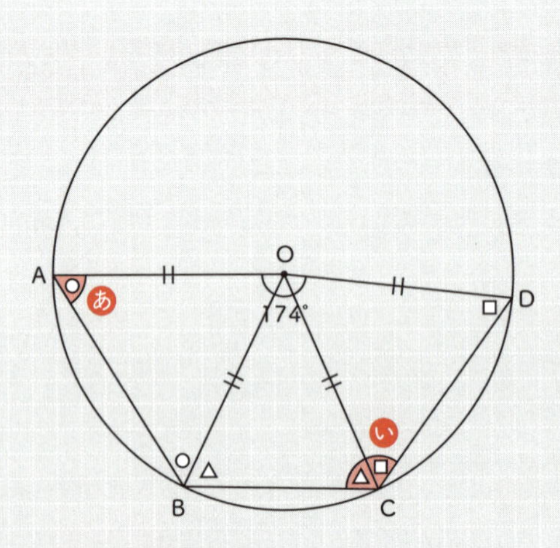

求めるあ＋いの角度は、○＋△＋□なので、
以下のように③の式を変形する。

○＋(○＋△)＋(△＋□)＋□＝366°
○×2＋△×2＋□×2＝366°
(○＋△＋□)×2＝366°

両辺を2でわって、
○＋△＋□＝183°

よって、あ＋いの角度は 183°

まさしメモ

円の半径に補助線をひいたら、二等辺三角形ができましたね。そこで、等しい角度を○、△、□として計算することで簡単に解くことができました。
このように1つずつ手順を踏んで、確実に答えを導いていきましょう！

問題10

問題ミス!!?

難易度 ★★☆☆☆　気持ちよさ ★★★★☆

Q.

三角形ABCはAB＝ACの二等辺三角形である。
AD＝BD＝BCのとき、あの角度を求めよ。

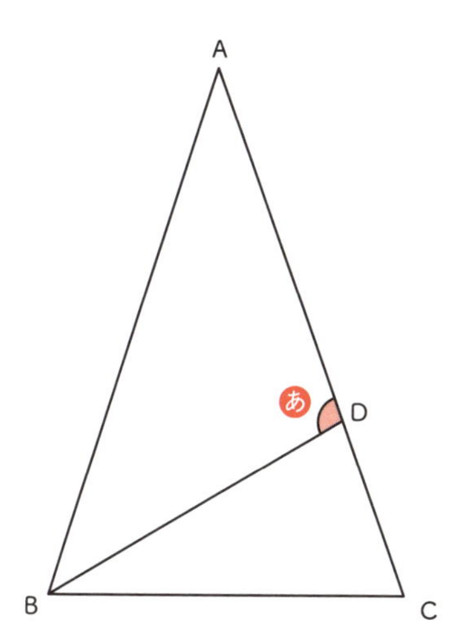

Hint

「1つも数字がない！ これ問題のミス？」ってなるかもしれないけど、
実は見えない数字が隠れているよ！
1つの角度を●として、与えられた情報から整理してみよう。

この発想で解く

図形問題では、角度や長さがわからなくても、
等しい関係や長さの比がわかることも多い。今回は角度の大きさの関係など
わかることを使って解き進めていこう。

解けた人は答えをチェック

A. 108°

解説

① 角度を●で表す

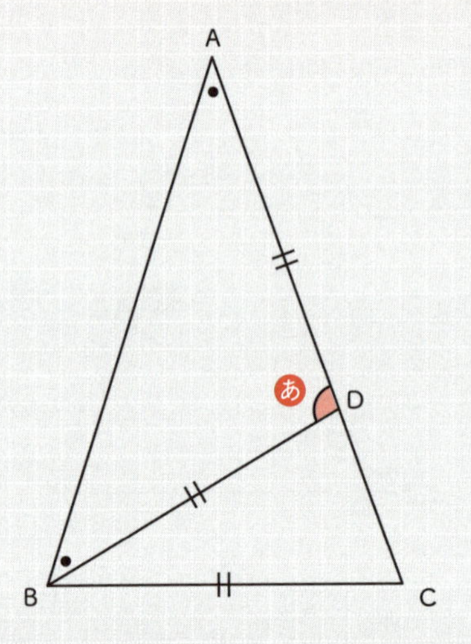

三角形DABは二等辺三角形で底角は等しいので、
∠DABを●とすると、∠DBAも●と表せる。

② 三角形の外角の定理を使う

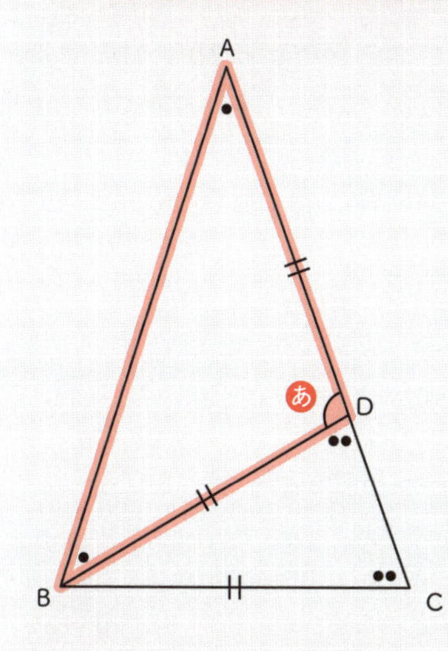

三角形DABにおいて、
外角の定理から∠BDCは
●●と表せる。

また、三角形BCDは
二等辺三角形で底角は等しいので、
∠BCDも●●と表せる。

③ 三角形ABCに着目する

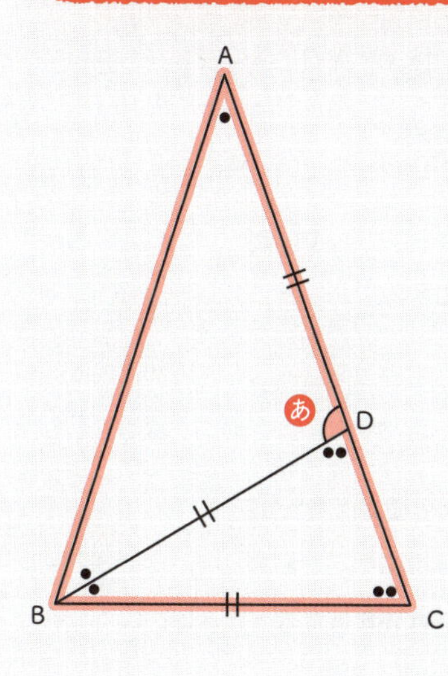

三角形ABCは二等辺三角形で
底角は等しいので、∠ABCは●●

よって、∠DBCは●

④ 三角形の内角の和を使う

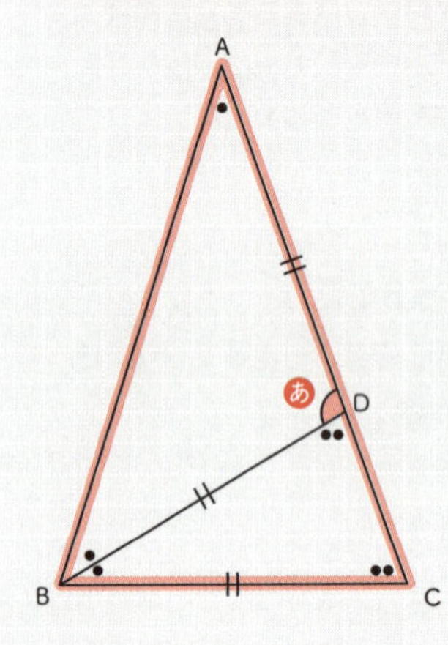

三角形ABCの内角の和は180°なので、

●×5＝180°

よって●の角度は、

180°÷5＝36°

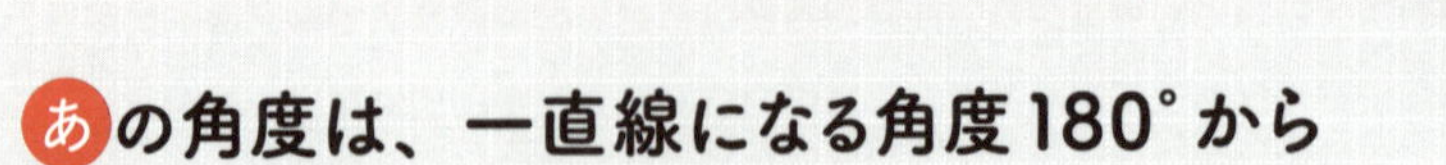

あっ！ 角度が出てきた！
数字が1つもないところからでも、数字は出てくるんだね。

あの角度は、一直線になる角度180°から
●2つ分をひいた角度なので、

180°－●●＝180°－36°×2＝ 108°

まさしメモ

1つも数字の条件がない問題を見たら、
最初はぎょっとしますよね。
二等辺三角形、三角形の外角の定理を使うことで、
数字がなくても解けちゃうんです！

問題 11

どんどんかきこめるぞぉ!!

難易度 ★★★☆☆　気持ちよさ ★★★☆☆

Q.

三角形ABCのあの角度を求めよ。

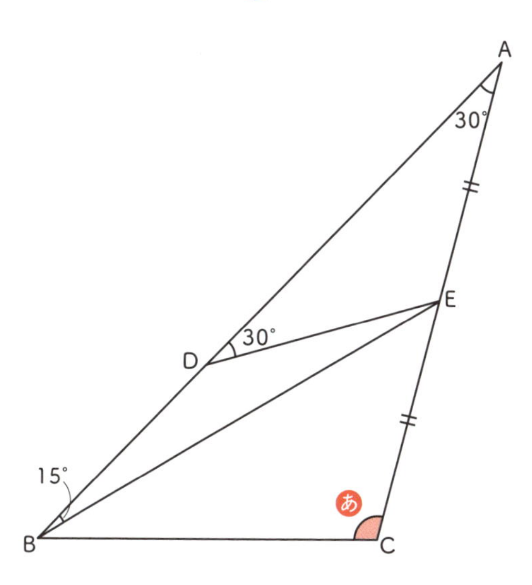

（早稲田中　2020年　改）

Hint

わかる情報をどんどんかきこもう！
すると、二等辺三角形が見えてくるから、
そこから新たな三角形を見つけよう！

この発想で解く

問題の図の中でわかることをかきこんで、
それでもわからない場合は、どこかに垂線をひくと、
答えに近づけることが多いです。

解けた人は答えをチェック

A. 105°

解説

① 三角形EADに着目する

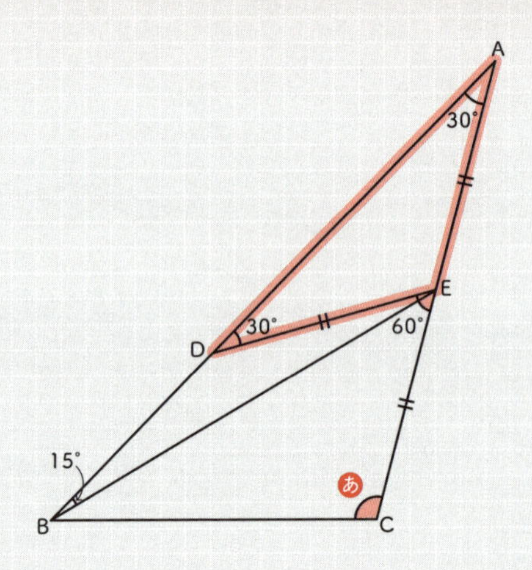

三角形EADは、底角が30°の二等辺三角形なので、
EA＝ED
また、三角形EADにおいて、外角の定理から
∠DEC＝60°

② 点Dと点C を結ぶ

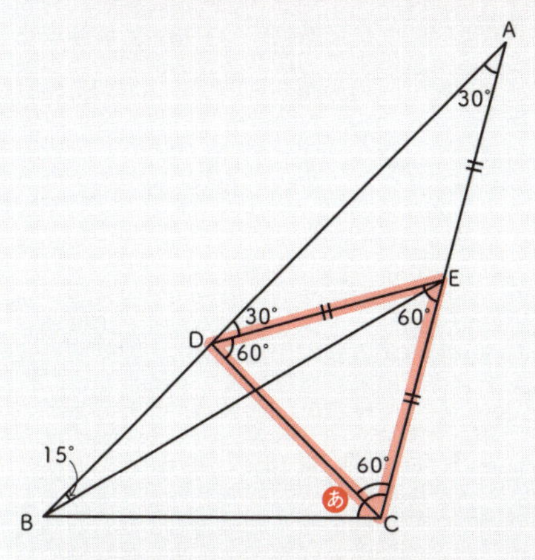

DとCを結んで三角形EDCを作ると、ED＝ECから、三角形EDCは二等辺三角形。
二等辺三角形EDCで、頂角が60°、底角は等しいことより、1つの底角は
（180°－60°）÷2＝60°
よって、三角形EDCは正三角形である。

③ 三角形 DBE に着目する

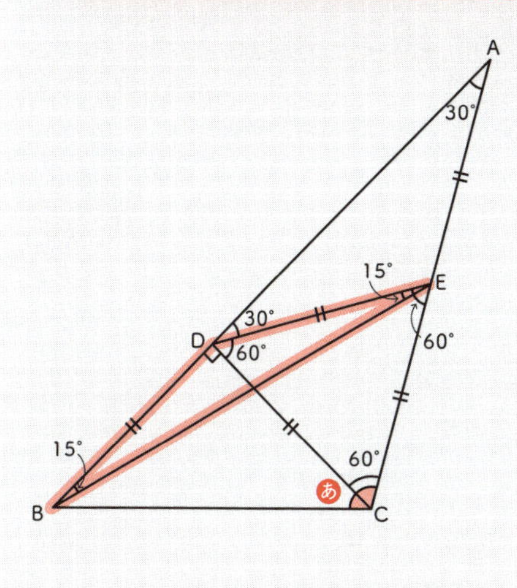

∠ADC＝30°＋60°＝90°
一直線になる角度は180°なので、∠BDC＝90°

三角形DBEに着目すると、三角形の内角の和は180°なので、
∠DEB
＝180°－（90°＋60°＋15°）
＝15°
つまり、三角形DBEは底角が15°の二等辺三角形なので、
DB＝DE

❹ 三角形 DBC に着目する

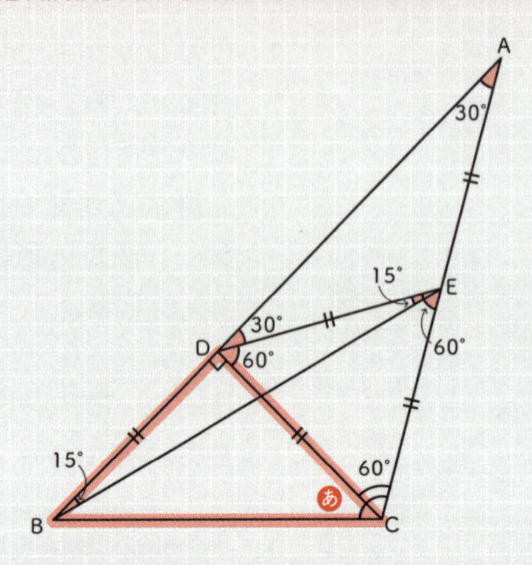

DB＝DCで、∠BDC＝90°なので、三角形DBCは直角二等辺三角形。
つまり、∠DCB＝45°

あの角度は、60°＋45°＝ 105°

この少しずつ角度がわかる感覚、気持ちい～！

まさしメモ

どんどん新たな情報がわかり、
ひも解かれていく問題でしたね～！
こういう問題、ワクワクしますよね！

問題 12

いや別々の図形じゃん！

難易度 ★★★★☆　気持ちよさ ★★★★☆

Q.

直角三角形が2つある。あ＋いの角度を求めよ。

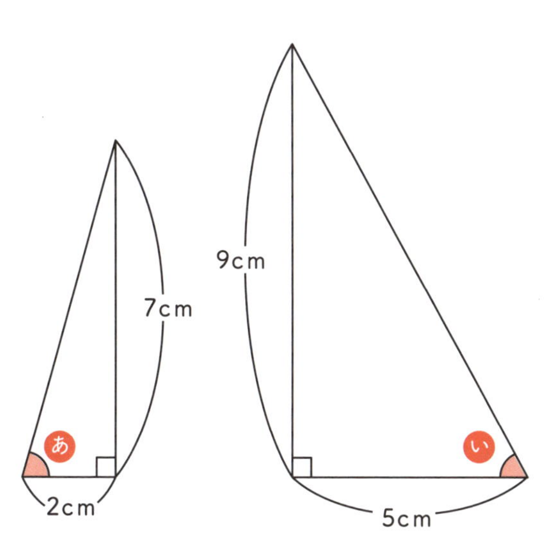

（ジュニア算数オリンピックトライアル問題　2019年　改）

Hint

「全く別の図形なのに角度の合計を求めることができるのか？」
ってなると思うけど、別々ではなく、
1つの図形になるように合わせると…？

この発想で解く

図形が2つあるのにばらばらに置かれているのって
変だと思わない？ 図形は動かしたっていいんだから、
2つの角度の合計を求めるのなら、2つを組み合わせてみるべし。

解けた人は答えをチェック

A. 135°

別々の図形なのに求めることができるの！？

うむ。「直角」ということに注目して、長方形を作るんだ。

解説

① 三角形を向かい合わせにする

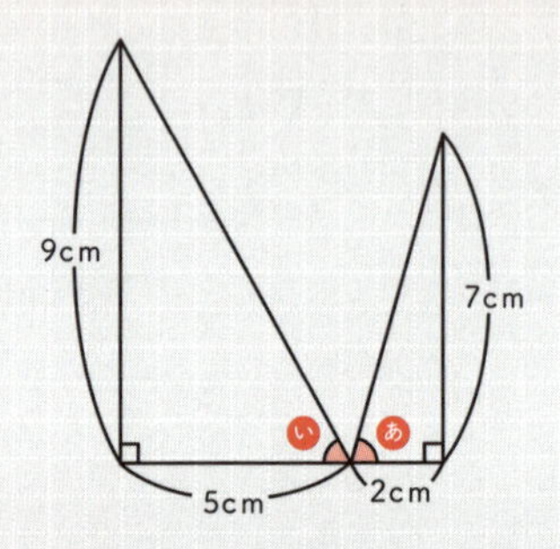

あ＋いを隣に配置することで、
あ＋いの角度が考えやすくなる。

② それぞれの辺を延長して長方形を作る

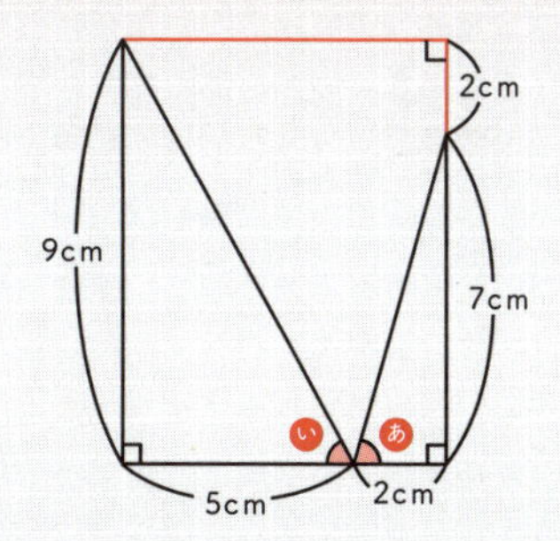

上図のように、外側の辺をたてとよこに延長して全体を1つの長方形にする。

うわぁ〜！ 見たことがある図形ができた！！

見たことある図形が出てくればちょっと安心するね。

③ 下図のように線をひく

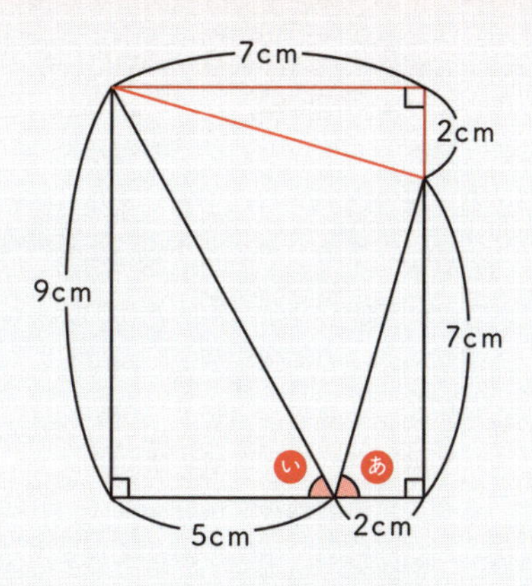

三角形の頂点を結ぶ直線を上図のようにひく。

④ 2つの三角形に着目する

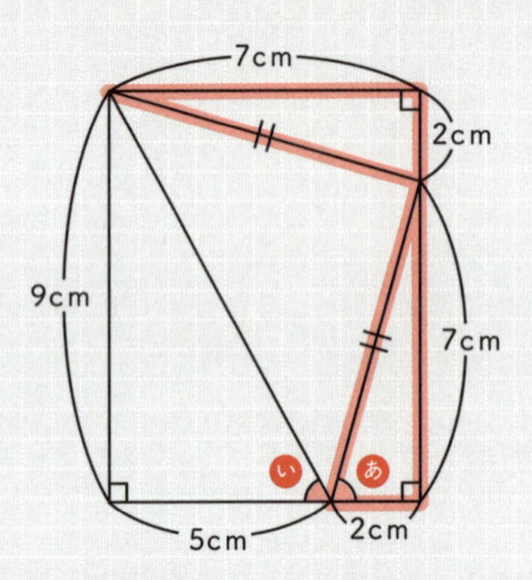

上図でできた2つの三角形は、「2組の辺とその間の角がそれぞれ等しい」ので、合同である。

※間の角は、それぞれ長方形の角で直角なので等しい。

⑤ 対応する辺、角が等しいことを確認する

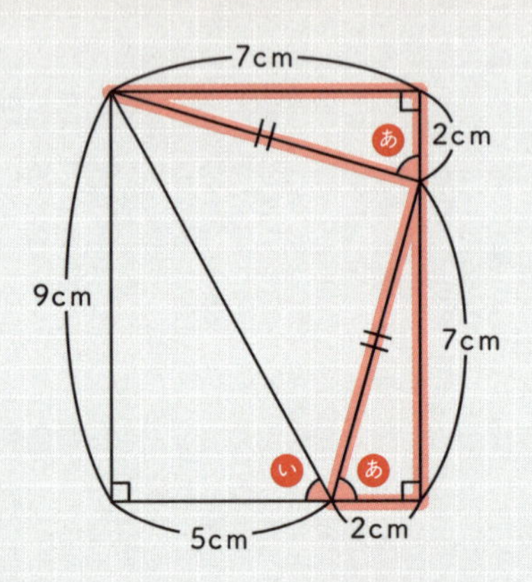

2つの三角形は合同なので、上図にもあの角度がある。

⑥ 直角二等辺三角形ができることを確認する

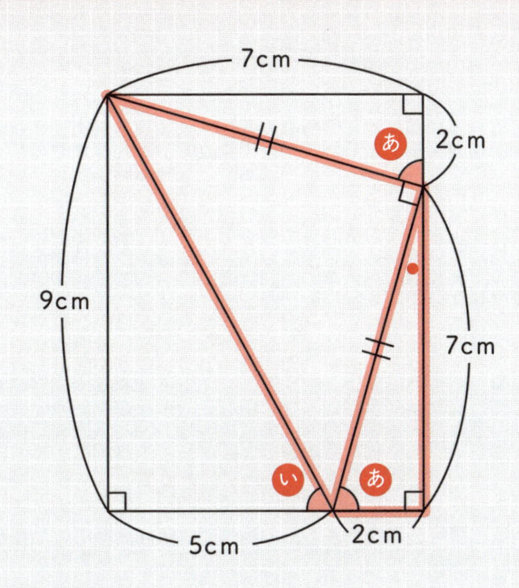

右下の三角形の残った角度を●とすると、三角形の内角の和は180°なので、●＋あ＋90°＝180°
つまり、●＋あ＝90°

一直線になる角度は180°なので、
真ん中の三角形は、直角二等辺三角形である。

見たことのある図形ができた…！

ここまでわかったら、ゴールはすぐそこ！

7 あ＋いの角度を計算する

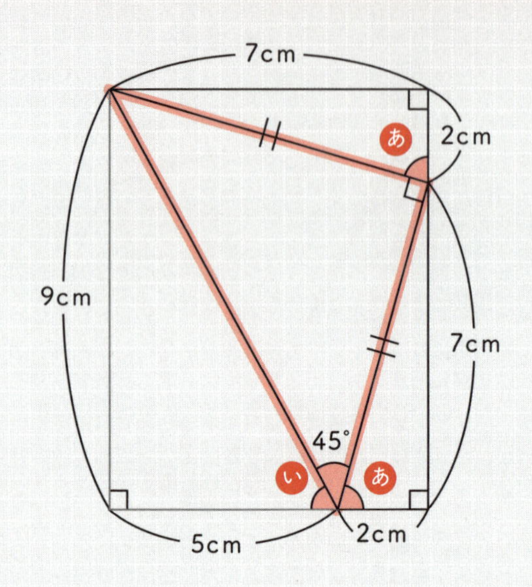

直角二等辺三角形の底角は45°で、一直線になる角度は180°

なので、あ＋い＋45°＝180°

よって、あ＋い＝**135°**

まさしメモ

まさに「この発想エグい！」となるような問題だったと思います！ 展開が多いけれど、1つわかるごとに「気持ちい～」となってくれたらうれしいです。「自分が見たことある図形に持っていく力」を養っていきましょう！

問題13

「もう少しで答えが出そう」を何回も

難易度 ★★★★☆　気持ちよさ ★★★★☆

Q.

三角形ABCにおいて、辺BCの中点をDとする。
あの角度を求めよ。

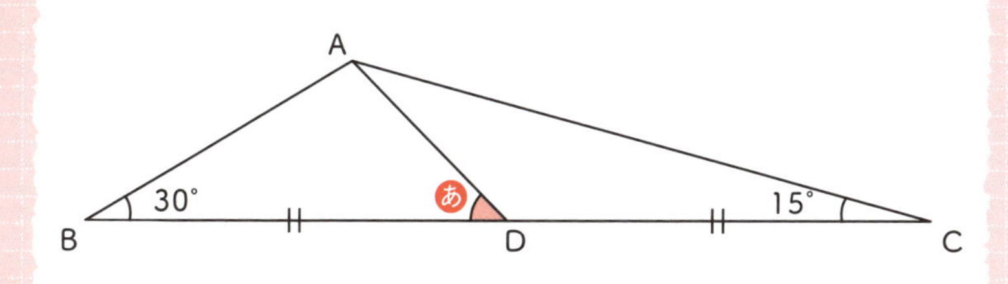

Hint

30°の角を見つけたら、やることは1つ！
まず、辺を延長して、30°の角をもつ特別な直角三角形を作ろう！

この発想で解く

まず、30°の角をもつ特別な直角三角形を作って、
辺の比に着目しよう。そして、着目する三角形を次々と変えて、
三角形の特徴を見つけることがポイント!

解けた人は答えをチェック

A. 45°

解説

1 補助線をひいて、直角三角形BCEを作る

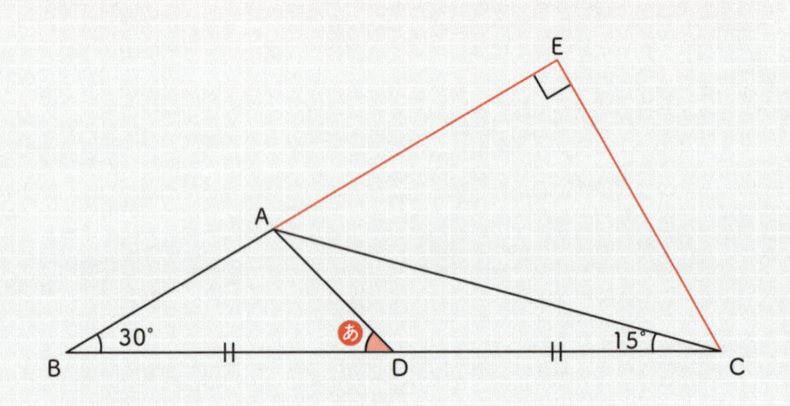

BAを上図のように延長した直線上にCから垂線をひいて、
直角三角形BCEを作る。
三角形の内角の和は180°なので、
∠BCE＝180°－（90°＋30°）＝60°

② 直角三角形BCEの辺の比を考える

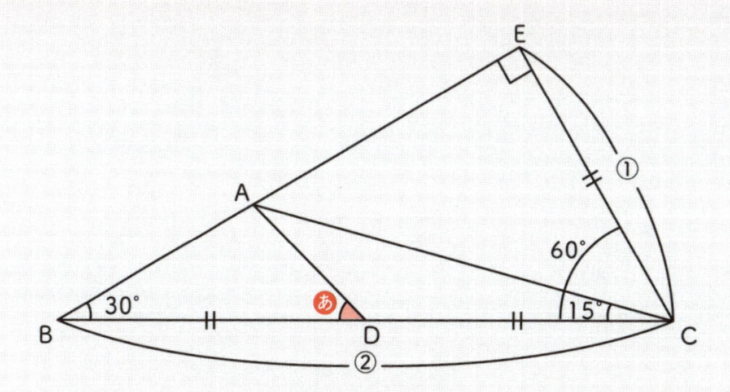

30°・60°・90°の直角三角形は、
「最も短い辺」と「最も長い辺(斜辺)」の比が1：2。
点Dは辺BCの中点なので、
BD＝DC＝EC

③ 直角三角形 ACE に着目する

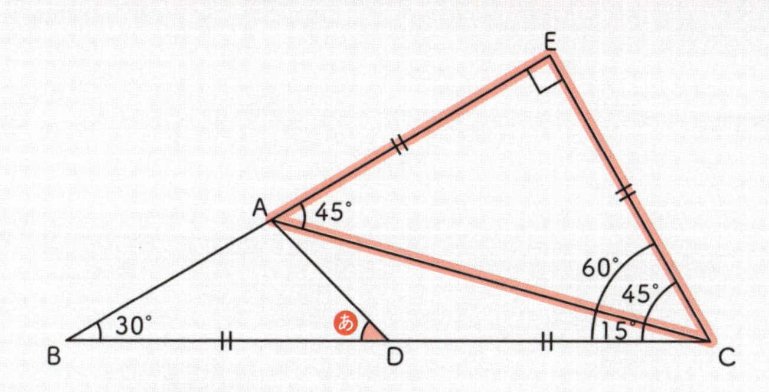

三角形ACEにおいて
∠CAE＝∠ACE＝45°
つまり、三角形ACEは
底角が45°の直角二等辺三角形なので、
EA＝EC

❹ 点Eと点Dを結ぶ

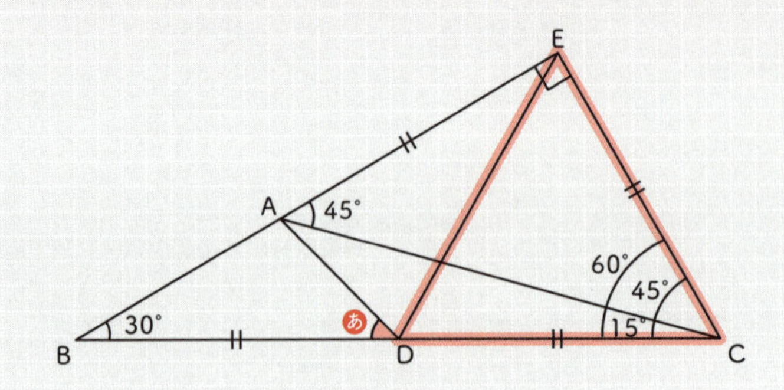

点Eと点Dを結び、三角形CEDに着目すると、
CD＝CEから、二等辺三角形。
底角は等しいので、1つの底角は
（180°－ 60°）÷2＝60°

よって、三角形CEDは全ての角度が60°なので、正三角形。

問題の図からは正三角形があるなんて全くわからなかったのに…！

正三角形が出てくるところまでくると、超気持ちいいよね！

あとは頭の中でも計算ができそう！
180°からここをひいて…えっと……

解法がうかべばわかったも同然だけど、
計算は暗算ではなく書いた方がミスは少ないよ。

⑤ 三角形ADEに着目する

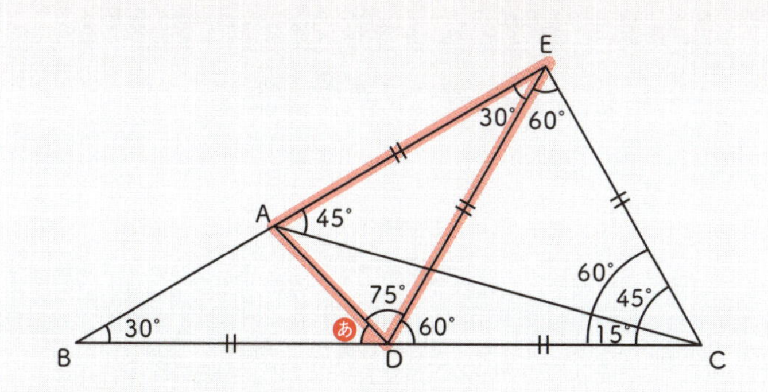

③から、EA＝EC
④から、EC＝ED
つまり、三角形ADEは、EA＝EDの二等辺三角形。
∠AED＝90°－60°＝30°より、
∠ADE＝(180°－30°)÷2＝75°

一直線になる角度は180°なので、
あの角度は、180°－(75°＋60°)＝45°

まさしメモ

問題自体は非常にシンプルなものでしたが、
解法はなかなかに複雑だったと思います！
解ききるためには胆力も必要でしたね～！

COLUMN 4

証明できたら1億2000万円！コラッツ予想

「コラッツ予想」は、1937年に数学者ローター・コラッツによって提唱された未解決問題で、「すべての数は、偶数なら2で割る、奇数なら3倍して1をたすことをくり返すと、必ず1になるだろう」というものです。

たとえば「6」では、6→3→10→5→16→8→4→2→1というように、どんな数で始めても最後は必ず「1」になると言われています。ただ、この法則が本当に正しいか、誰も証明できていません。

これだけシンプルな問題なのに、証明成功にはなんと1億2000万円の懸賞金がかけられています。時間がある人はぜひ挑戦してみてください！

未来の大発見をするのはあなたかも…！？

4章

特殊だけど解けたらスッキリな問題

4章では、1～3章におさまりきらなかった
方程式を使った問題、
体積を求める問題、
難問などを集めています。

ここまでの問題で使った発想や
テクニックを思い出しながら
ぜひ挑戦してみてください。

有名な問題だと
解き方を知っていることがあるかもしれませんが、
改めて問題を解き、解説を読んでみるのも
意外な発見があって楽しいです！

長方形の面積

難易度 ★★★★☆　気持ちよさ ★★★☆☆

Q.

以下は長方形である。長方形の面積が195㎠、斜線部分の面積が87㎠のとき、χの値を求めよ。

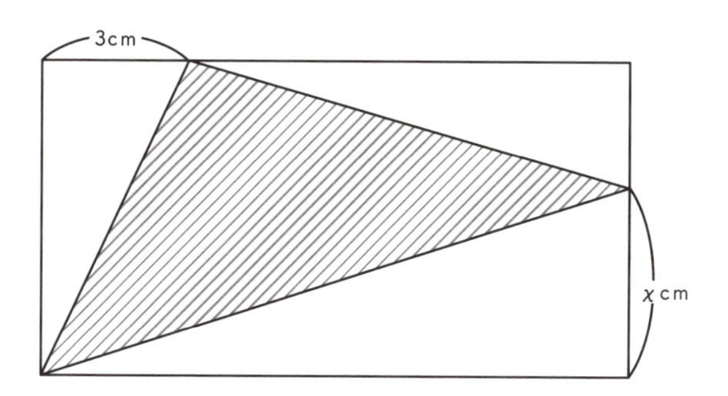

（普連土学園中　2016年　改）

Hint

斜線部分は三角形だけど、底辺も高さもわからないので、三角形の面積の公式は使えなさそう！ でも問題文で面積が提示されているということは、あの〇〇変形がカギかも…！

部分的に長さがわかっているときは、
補助線をひいてみることが大事。
平行な線ができるということは、等積変形が使えるということなんですね～。

解けた人は答えをチェック

A. 7

補助線は斜線部分の三角形の頂点からひくとよさそうかな？

お、鋭いね！ さっそく線をひいて確認してみよう。

解説

① 長方形を4分割するように線をひく

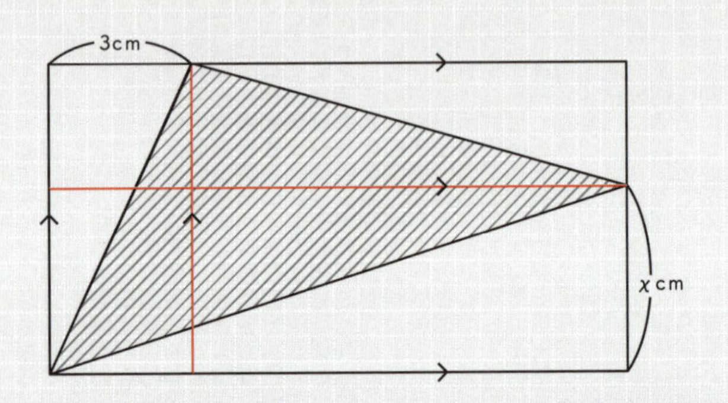

三角形の頂点から、長方形の辺と平行になるように線をひく。

② 左の三角形に着目する

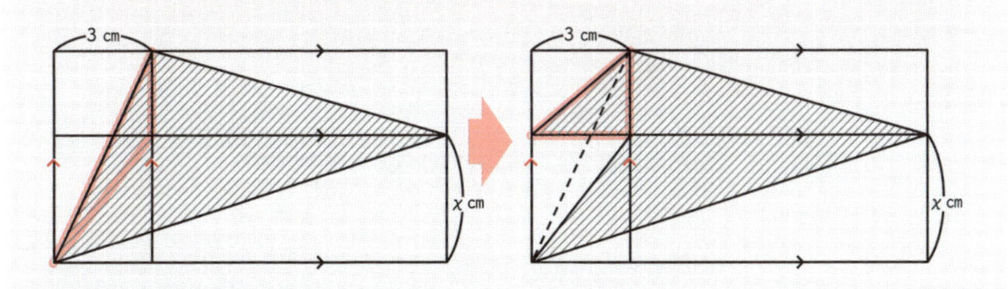

平行な線に着目すると、底辺は同じで高さが等しいので、
「等積変形」を使って右図のように変形できる。

③ 下の三角形に着目する

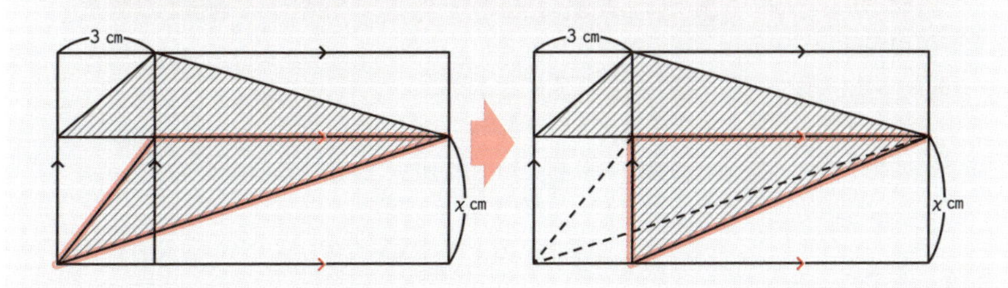

②と同じように、「等積変形」を使って右図のように変形できる。

最初の三角形から結構変形したね！

なぜこのように変形したかは、次からわかってくるぞ！

④ 面積を計算する

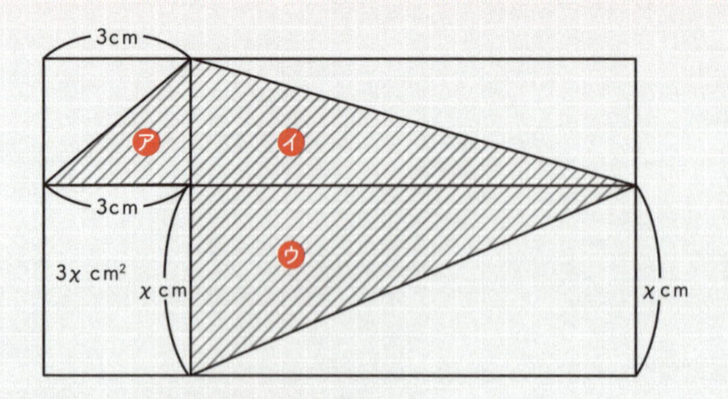

三角形をそれぞれア、イ、ウとすると
アが2つ分で、左上の長方形の面積
イが2つ分で、右上の長方形の面積
ウが2つ分で、右下の長方形の面積になる。

左下の長方形の面積は、3χ ㎠
全体の長方形の面積は、左上＋右上＋右下＋左下の面積の合計なので、
ア $\times 2 +$ イ $\times 2 +$ ウ $\times 2 + 3\chi = 195$
（ア＋イ＋ウ）$\times 2 + 3\chi = 195$
ここで、ア＋イ＋ウは斜線部分の面積、つまり87㎠なので、

$$87 \times 2 + 3\chi = 195$$
$$174 + 3\chi = 195$$
$$3\chi = 21$$
$$\chi = 7$$

よって、χの値は7

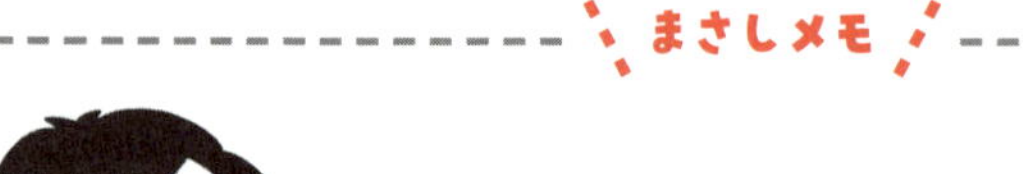

長方形を4分割するやり方は、最初の問題(P19)でも出てきましたね。今回は、それに等積変形と方程式が加わったバリエーションに富んだ問題でした！

問題 2

相似を使いそうになるけど…?

難易度 ★★★☆☆　気持ちよさ ★★★☆☆

Q.

三角形ABCは直角三角形である。
斜線部分の面積を求めよ。

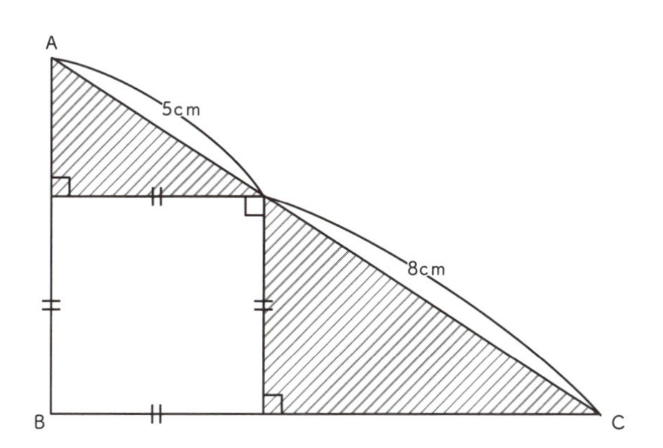

Hint

「三角形の面積＝底辺×高さ÷2」で解いていきたいけど、
斜線部分の斜辺の長さしかわからない…。
まず、左上の小さな直角三角形を移動して、
2つの斜線部分を1つの三角形にできれば良いけど…?

正方形の性質をいかして考える問題。
直角や正方形を見たら、等しい辺の長さや合同に必ず着目しよう。

解けた人は答えをチェック

A. 20㎠

肝心の底辺と高さがわからないなんて…。これ解けなくね…？

そうだね。相似も使えそうだけど、
そもそも底辺と高さがわからないと意味がないよね。

解説

① 三角形を移動する

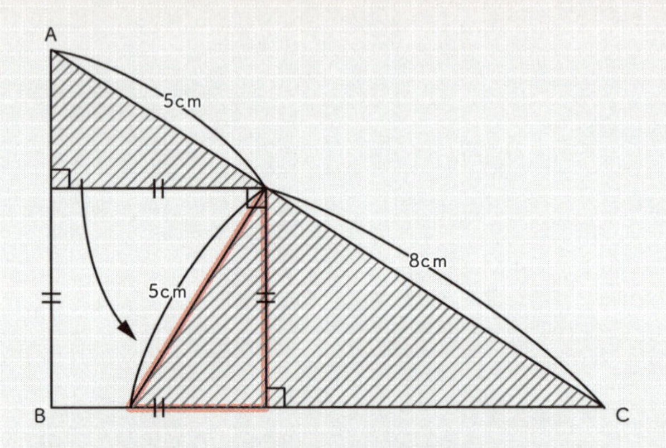

左下は正方形で、辺の長さは等しいので、
左上の小さい三角形を上図のように移動できる。

❷ 問題を整理する

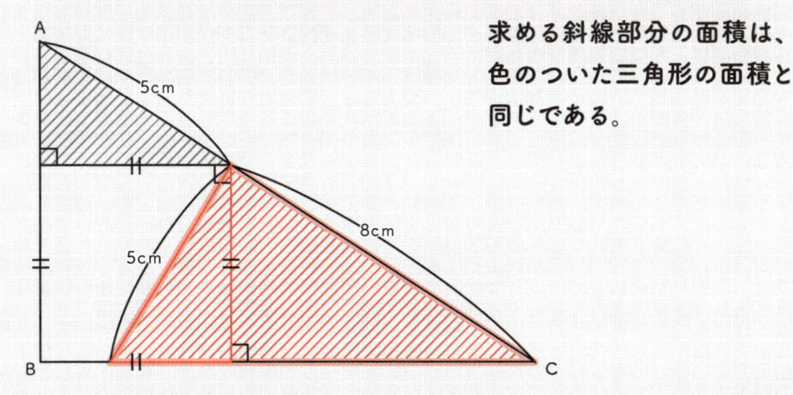

求める斜線部分の面積は、色のついた三角形の面積と同じである。

別々の三角形が1つの三角形になった!!

これで一気に解きやすくなるね。

❸ 角度に着目する

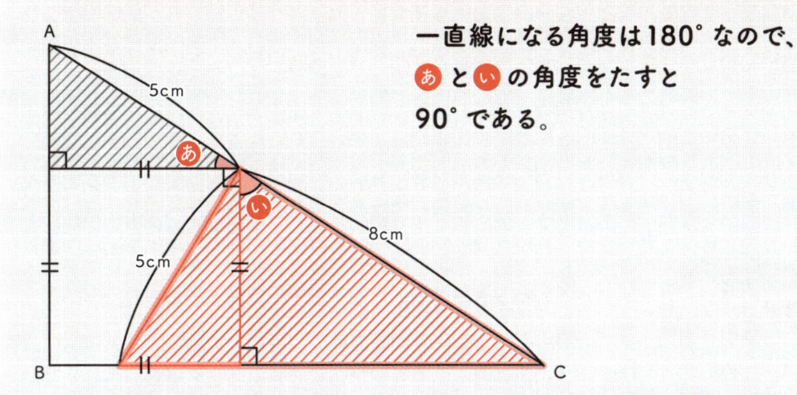

一直線になる角度は180°なので、あといの角度をたすと90°である。

④ 移動する前後の三角形に着目する

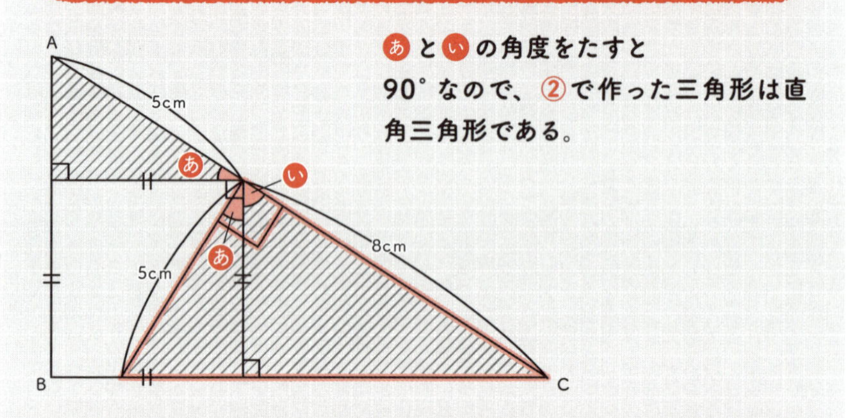

あといの角度をたすと
90°なので、②で作った三角形は直角三角形である。

⑤ 面積を計算する

直角三角形の底辺を5㎝とすると、
高さは8㎝なので三角形の面積＝底辺×高さ÷2を使って、
面積は、5×8÷2＝20（㎠）

よって、斜線部分の面積は20㎠

まさしメモ

「辺の長さが等しいから、ここに移動できるぞ！」という思考を1つ持っているだけで、同じような問題がグッと解きやすくなります！　図形を移動させる問題はよく出題されるので、その嗅覚を鍛えていきましょう！

四角すい手裏剣

難易度 ★★★★☆　気持ちよさ ★★★★☆

Q.

斜線部分は、1辺が8cmの正方形から底辺が8cmで、高さが2cmの二等辺三角形を4つ切り取ってできたものである。これを組み立ててできる四角すいの体積を求めよ。

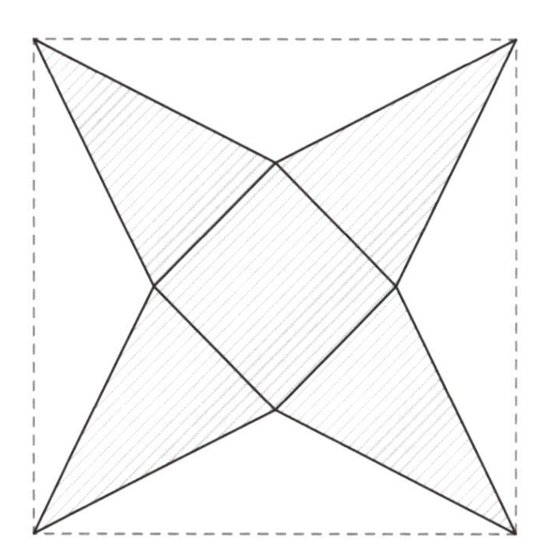

Hint

角すいの体積＝底面積×高さ×$\frac{1}{3}$で、底面積はすぐ求められる。
問題は高さ！
組み立てたときにできる四角すいで、高さを含む三角形を考えて、
元の展開図で合同な図形を見つけてみよう！

この発想で解く

体積を求めるのに必要な高さは、組み立ててできる四角すいの切り口やもとの展開図を使って平面で考えるのがポイント。

解けた人は答えをチェック

A. $\frac{32}{3}$（$10\frac{2}{3}$）㎤

解説

1 底面積を求める

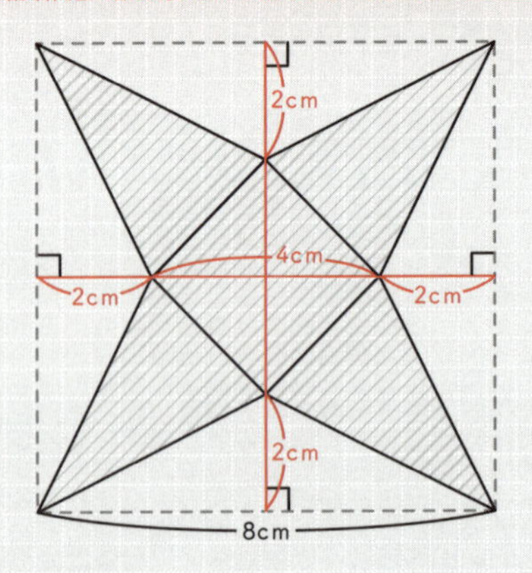

底面は正方形で、面積は「対角線×対角線÷2」で求められる。
正方形の対角線の長さは、8－(2×2)＝4（cm）
底面積は、4×4÷2＝8（㎠）

正方形の対角線は垂直に交わるから、
「ひし形の面積＝対角線×対角線÷2」が使えるんだよね！

おっ、よく覚えているね。素晴らしい！

② 組み立ててできる図形に着目する

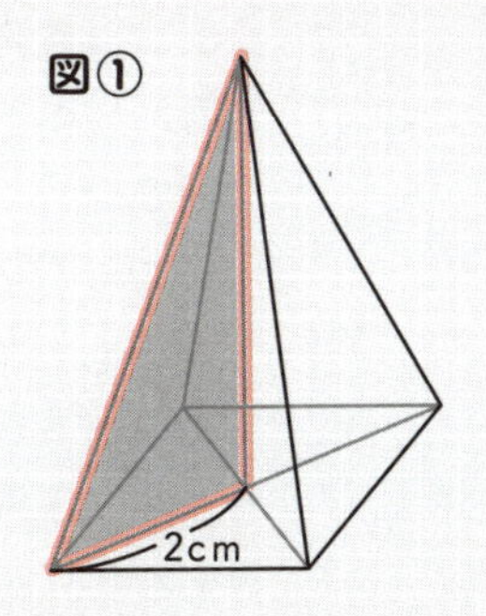

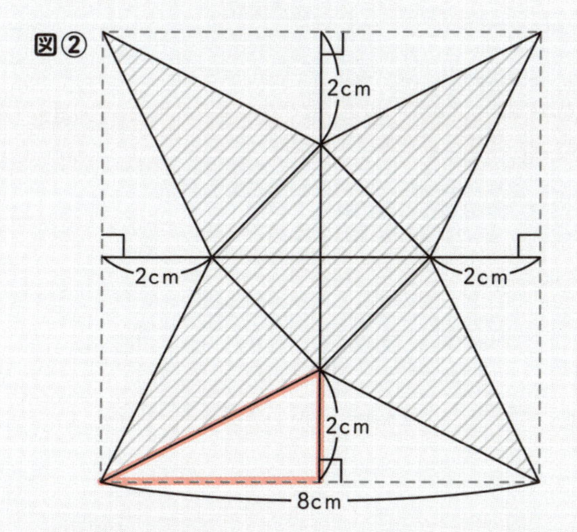

組み立てたときは図①のような四角すいになる。
高さを求めるために、
色がついた直角三角形に着目する。
この直角三角形は、図②の直角三角形と
「斜辺と他の1辺がそれぞれ等しい」ので、合同。

③ 四角すいの高さを求める

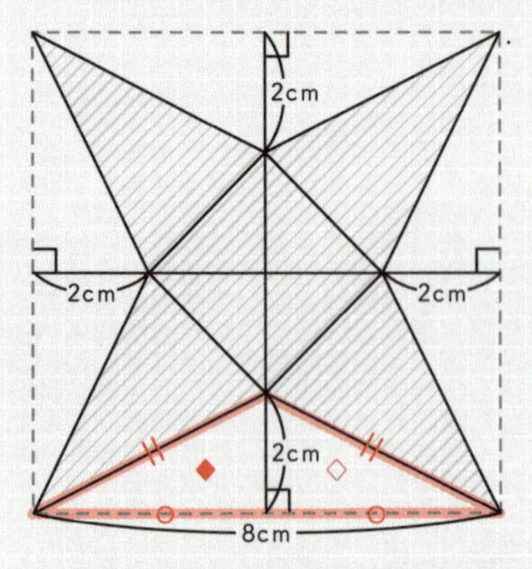

◆と◇の直角三角形は「斜辺と他の1辺がそれぞれ等しい」ので、合同。
よって、
○をつけた辺の長さは等しい。
②から、○の辺の長さは四角すいの高さと等しい。
つまり、四角すいの高さは、
8÷2＝4(cm)

④ 体積を計算する

①から、この四角すいの底面積は8㎠
③から、高さは4cm

よって、四角すいの体積＝底面積×高さ×$\frac{1}{3}$を使って、

$$8 \times 4 \times \frac{1}{3} = \frac{32}{3}\left(10\frac{2}{3}\right)(\text{cm}^3)$$

まさしメモ

空間図形は苦手意識を持つ人が多いですが、
「展開図にしたら、どうなるのか」「どことどこが合同なのか」
を平面で考えると解けることが多いです。
ぜひ意識してみてください！

問題 4

7：3分けの髪型？

難易度 ★★★★☆　気持ちよさ ★★★★☆

Q.

直径が4㎝と8㎝の半円と、直角三角形が重なっている。
斜線部分の面積を求めよ。ただし、円周率はπとする。

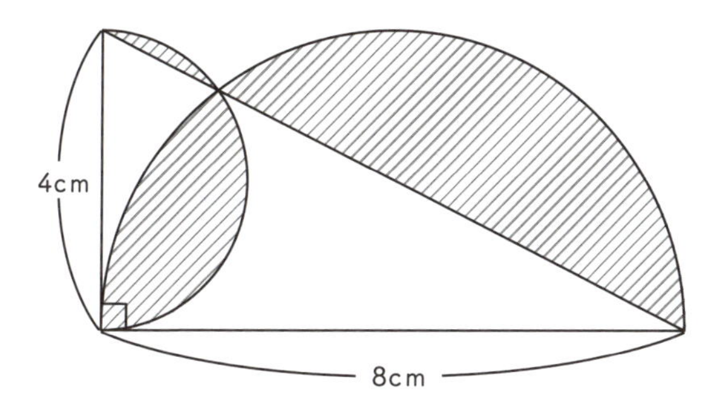

（開智未来中　2018年　改）

Hint

変な形なので、補助線をひきたくなる気持ちもわかりますが
今回は面積を5つに分割してそれぞれの面積を
ア～オとして考えてみると…？

この発想で解く

図形が重なっているときには、方程式を使うことが多い。
一気に解けなくても、順に考えると1つずつわかるので、
式に表してみるとよい。

解けた人は答えをチェック

A. (10π − 16)㎠

解説

① それぞれをア～オとする

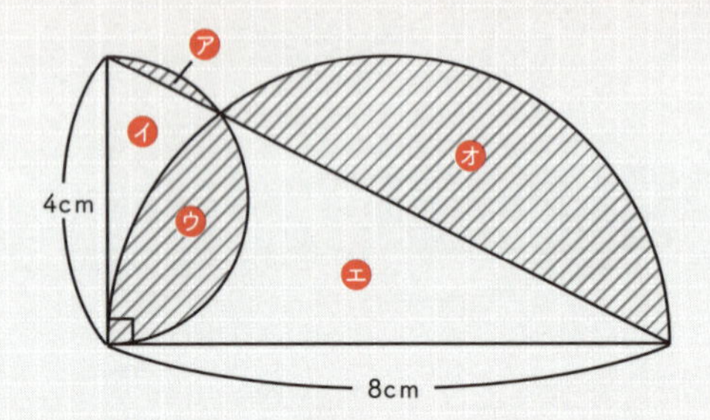

上図の5つの面積をそれぞれア、イ、ウ、エ、オとすると、
以下が成り立つ。

直径が4cmの半円の面積は、(ア＋イ＋ウ)㎠
また、半径は2cmなので、面積は、$2\times2\times\pi\div2=2\pi$(㎠)

よって、ア＋イ＋ウ＝2π…❶

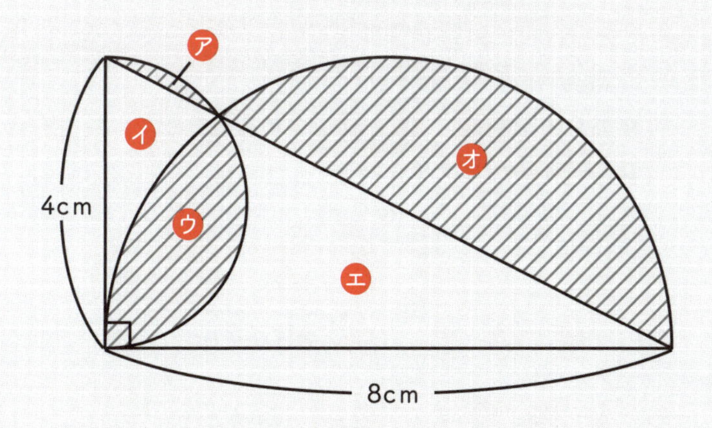

直角三角形の面積は（イ＋ウ＋エ）㎠
三角形の面積＝底辺×高さ÷2を使って、
8×4÷2＝16（㎠）

よって、イ＋ウ＋エ＝16…❷

直径が8㎝の半円の面積は、（ウ＋エ＋オ）㎠
半径は4㎝なので、面積は、4×4×π÷2＝8π（㎠）

よって、ウ＋エ＋オ＝8π…❸

文字を使って方程式に表すと、面積の関係がわかりやすいね！

その通り！　細かく分けて考えるのがコツだよ！

ところで、上図のウ、エ、オを見ていると、
まるで七三分けの髪型みたいだね…。
あ……、問題のタイトルはそういう意味だったのか！

② 斜線部分の面積を求める

斜線部分の面積ア＋ウ＋オを求めるために、
①の方程式❶〜❸を使う。

$$
\begin{array}{rl}
ア＋イ＋ウ ＝ & 2\pi \cdots ❶ \\
＋)\ ウ＋エ＋オ ＝ & 8\pi \cdots ❸ \\
\hline
ア＋(イ＋ウ＋エ)＋ウ＋オ ＝ & 10\pi \cdots ❹
\end{array}
$$

❹にイ＋ウ＋エ＝16…❷を代入すると、
ア＋16＋ウ＋オ＝10π

よって、ア＋ウ＋オ＝**$10\pi-16$（㎠）**

まさしメモ

いろいろな補助線を考えた人も多いかと思いますが、
今回は方程式を使って解くことができました。
これを初見で解くのは難しいですね。
解けた人は素晴らしいです！

辺の長ささえわかればなぁ！

難易度 ★★★★☆　気持ちよさ ★★★★☆

Q.

大きい四角形は正方形である。斜線部分の面積を求めよ。

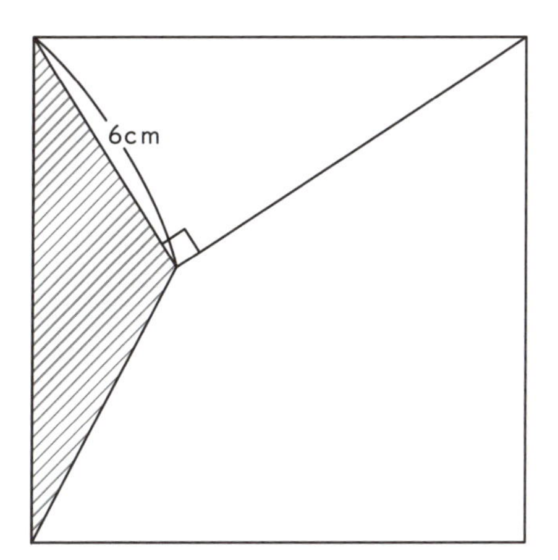

Hint

補助線をひいて直角三角形を作り、
角度や等しい辺の長さを整理しよう！
合同な三角形が見つけられれば…？

この発想で解く

正方形と直角三角形というおなじみの組み合わせ。
等しい長さや角度があることが多いので、
合同な図形を探したり、作ったりできないか考えよう。

解けた人は答えをチェック

A. 18㎠

解説

① 補助線をひいて、直角三角形を作る

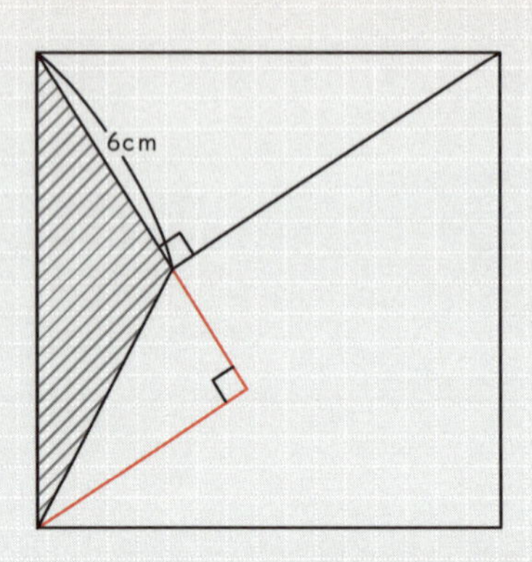

斜線部分の三角形の底辺を6cmとすると、高さがわからない。
高さを求めやすくするために、辺を延長して直角三角形を作る。

② 角度をそれぞれ○、×で表す

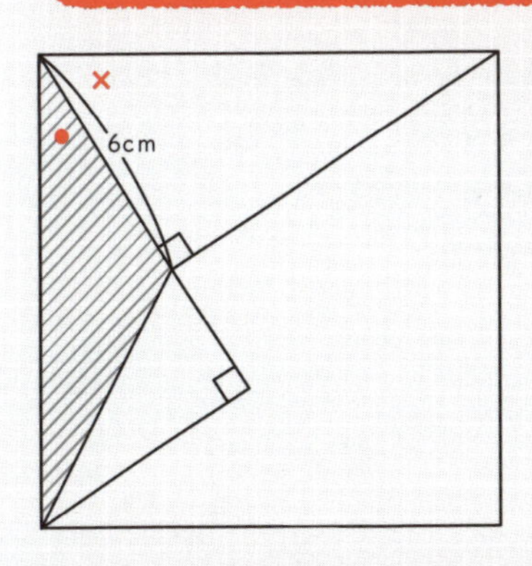

図のように、角度をそれぞれ●、×とすると、正方形の1つの内角は90°なので、

●＋×＝90°

③ 2つの三角形に着目する

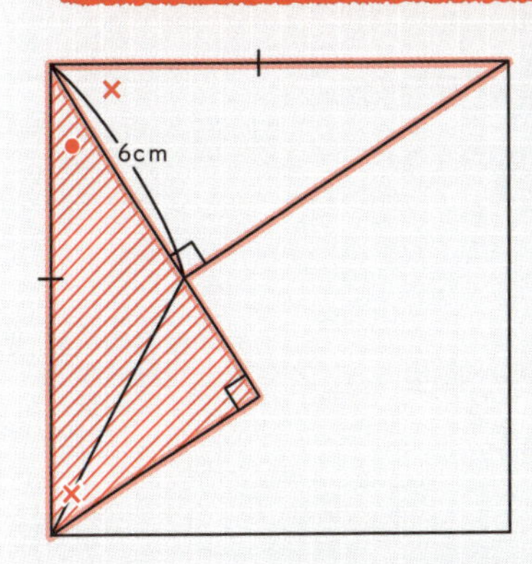

色のついた三角形に着目すると、三角形の内角の和は180°なので、直角と●以外の角度は、90°－●

また、②から●＋×＝90°より、
×＝90°－●

よって、残りの角度は×

正方形の4辺は全て等しいことから「斜辺と1つの鋭角がそれぞれ等しい」ので、上図の2つの直角三角形は、合同。

合同ってのはわかったけど…。ここからどうすれば…。あっ！

おっ、気づいたようだね！

④ 辺の長さに着目する

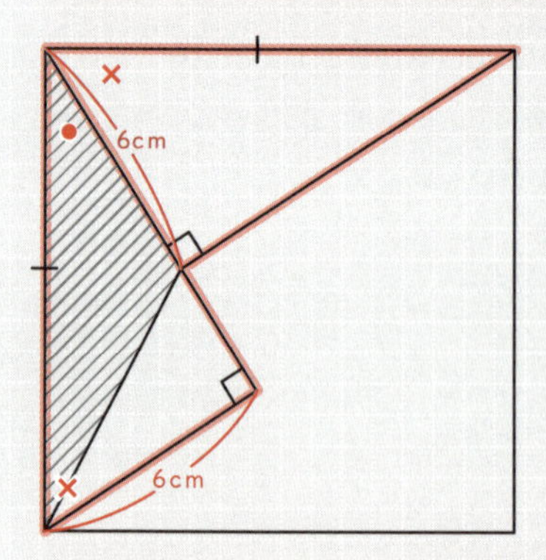

2つの三角形は合同なので、
対応する辺の長さは等しく、
三角形の1つの辺が
6㎝とわかる。

⑤ 面積を計算する

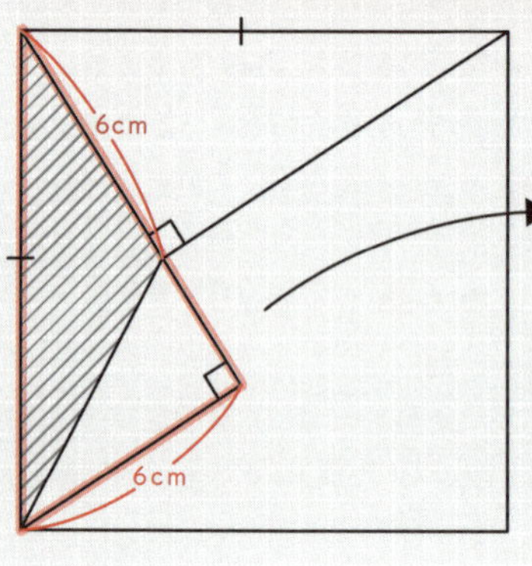

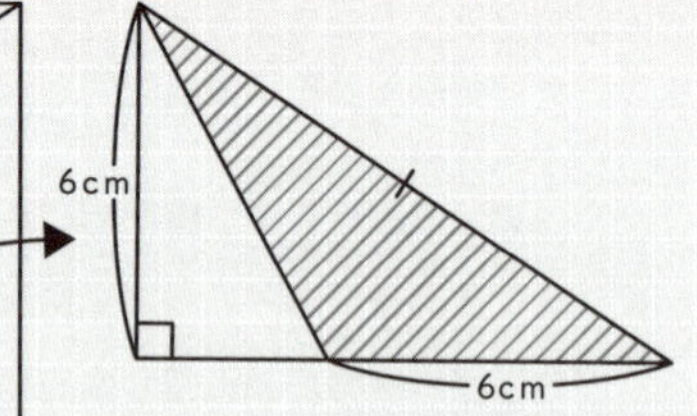

三角形の面積＝底辺×高さ÷2
を使って、
6×6÷2＝18（㎠）

まさしメモ

初見でこの補助線をひけた人はすごいです！
「底辺はわかる…。あとは高さ…。じゃあ、直角を作るように補助線をひこう」という思考に至れるかが重要でしたね！

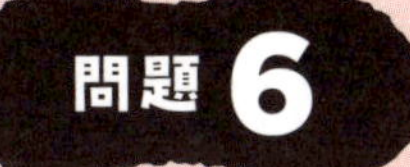

ひいてひいて、もっとひいて見てみよう！

難易度 ★★★★☆　気持ちよさ ★★★★☆

Q.

三角形 ABC の頂点 A から辺BCに垂線ADをひいた。
DC の長さを求めよ。

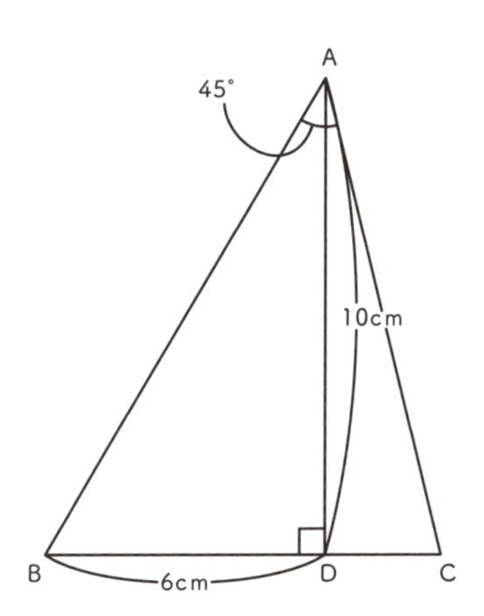

※中学３年生の数学で学習する内容を使います。

Hint

45°を見つけたら、90°が作れないか考えてみよう！

垂線がひかれているので、
この直角をどうにかいかせないか、と考えるとよい。
∠BAC＝45°なので、2倍したら直角になるのも見逃せない。

解けた人は答えをチェック

A. $\frac{5}{2}$（$2\frac{1}{2}$）cm

なんだかヒントは多いのに、いざ求めようとすると難しいぞ…！

解説

① 90°ができるように、三角形を追加する

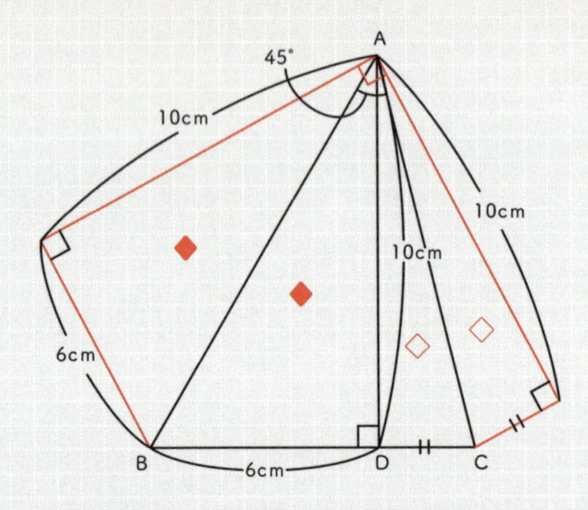

三角形ABD、三角形ADCと合同な三角形を、
それぞれ上図のように追加する。
∠BAD＋∠DAC＝45°で、2つ分あるので、合わせて90°ができる。

② 大きい正方形を作る

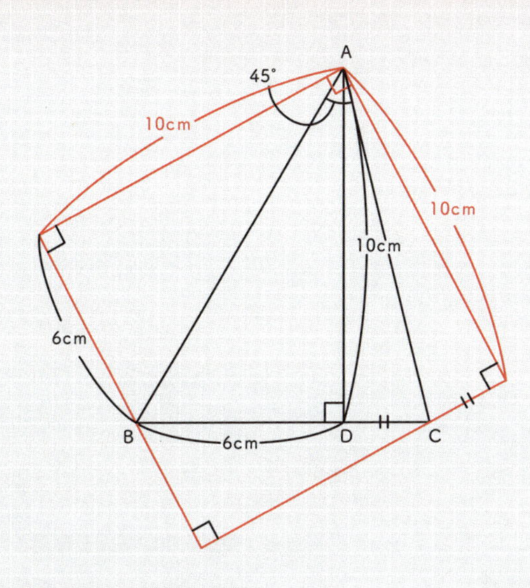

**上図のように補助線をひくと、
1辺の長さが10cmの正方形ができる。**

※4つの角がすべて90°で等しく、隣り合う辺の長さが等しいことから正方形である。

ここに大きな正方形を作れるなんて、エグすぎ…。
どうやったら思いつくんだろう？

角度の問題で、紙を折り返す問題があるよね。
この問題は紙を折り返すという条件はないけれど、
まるで折り紙を折った形のように見えないかな？

なるほど。真ん中に向かって折ったら、問題の図のような形になるね。

図形をただの直線の組み合わせとして見るのではなくて、
図の中にある要素を広げて考えると、
補助線をどうひけばよいかも気づきやすくなるよ。

③ 三平方の定理を使う

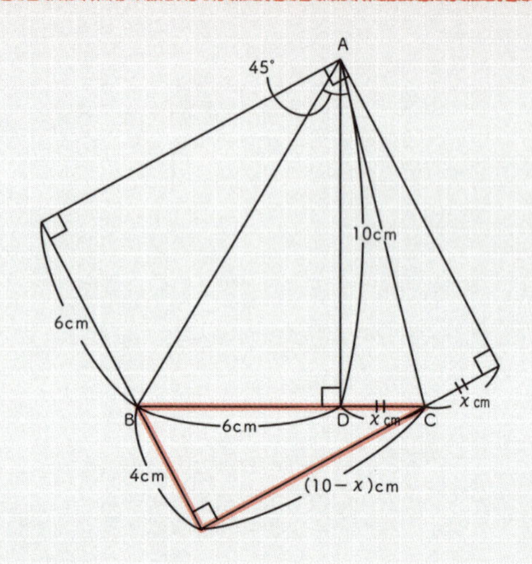

求めるDCの長さを$x$cmとすると、色のついた三角形において、
三平方の定理から、

$4^2+(10-x)^2=(6+x)^2$　※

$16+100-20x+x^2=36+12x+x^2$

整理して$32x=80$　よって、$x=\frac{5}{2}$ $\left(2\frac{1}{2}\right)$

※$(a+b)^2=a^2+2ab+b^2$

これは中学数学で学習する乗法の公式の1つです。

まさしメモ

まさか最初の図形から、正方形ができるとは思いませんでしたね！

解説を見ずに解けた人は、正方形が出てきた瞬間に「この発想エグい！」と声を発したのではないでしょうか！

問題7

正方形がごっつんこ

難易度 ★★★☆☆　気持ちよさ ★★★★☆

Q.

2つの四角形は正方形である。
三角形アとイの面積が等しいことを説明せよ。

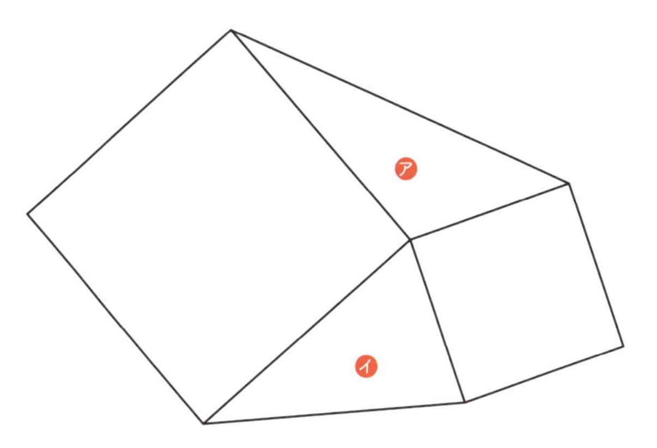

Hint

三角形ならば、三角形の面積＝底辺×高さ÷2 が使えるように
補助線をひいてみよう！

この発想で解く

面積が等しいことを説明するためには、
底辺と高さが等しいことが説明できればよい。
どこを底辺とするか？ がポイントになる。

A. 解説で答えを確認しよう

今回の問題は、説明する問題です！
証明問題のように、なぜ等しくなるか考えてみてください。

解説

① 三角形㋐、㋑の高さとなる補助線をひく

三角形㋐、㋑の底辺は等しいから、高さが等しいことが説明できればOK！

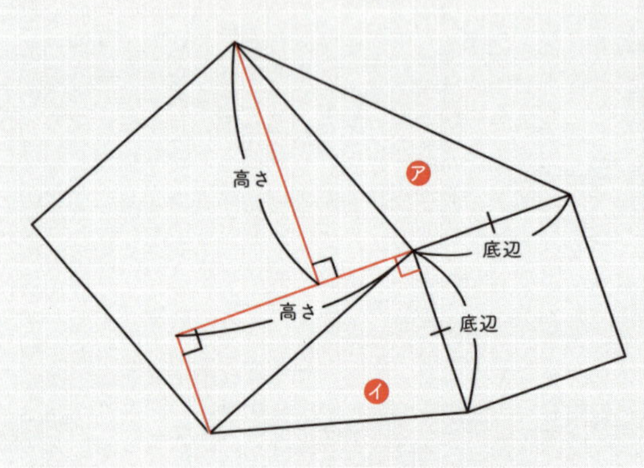

左図のように、小さいほうの正方形の辺を延長して垂線をひく。
正方形の1辺を底辺としたときの高さを考える。

直角三角形が2つできたね！

② 2つの直角三角形の合同に着目する

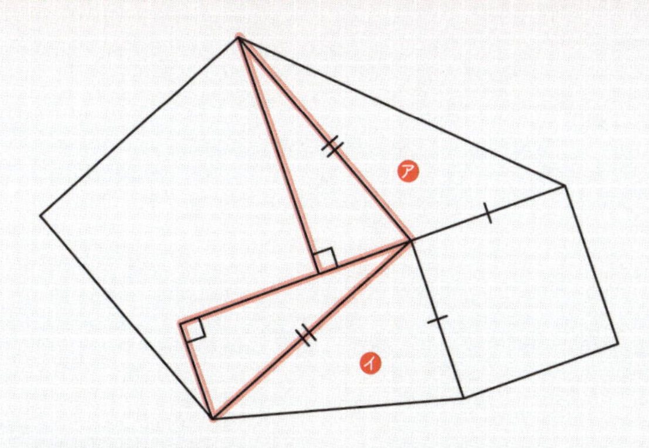

正方形の4辺の長さは等しいので、2つの直角三角形の斜辺の長さは等しい。

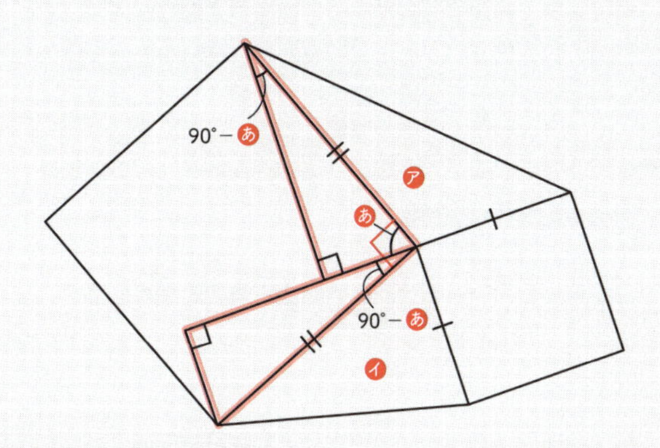

また、上の直角三角形の直角でない大きいほうの角度をあとすると、三角形の内角の和は180°なので、小さいほうの角度は「90°－あ」
下の直角三角形の小さいほうの角度は、正方形の1つの内角が90°なので、「90°－あ」

よって、「直角三角形の斜辺と1つの鋭角がそれぞれ等しい」ので
2つの直角三角形は合同。

③ 高さに着目する

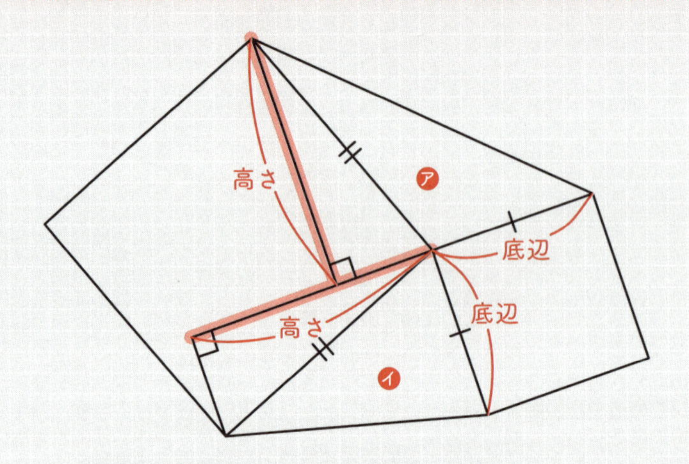

②から、2つの直角三角形は合同なので、
対応する色のついた辺の長さは等しい。

つまり、三角形ア、イで、
小さいほうの正方形の1辺を底辺としたときの
高さは等しいので、

三角形アとイの面積は等しい。

まさしメモ

本書で初めての説明問題でした！
説明自体はそこまで複雑ではないですが、説明するための
補助線をどうひくかが難しい問題でしたね。

中学受験で有名なやつ!?

難易度 ★★★☆☆　気持ちよさ ★★★☆☆

Q.

3辺の長さが6㎝、8㎝、10㎝の直角三角形に、
それぞれの辺を直径とする半円をかいたものである。
斜線部分の面積を求めよ。ただし、円周率は3.14とする。

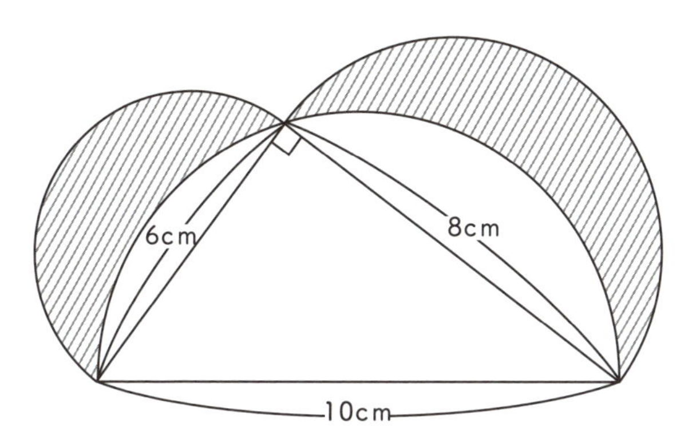

Hint

全体を分けて考えてみよう!
この図は、直角三角形、直径が10㎝ の半円、直径が8㎝の半円、
直径が6㎝の半円という4つに分けることができるね!

この発想で解く

ヒポクラテスの定理を知っていると簡単に解けるけれど、知らなくても、半円と三角形に分けて順に考えれば解くことができる。

解けた人は答えをチェック

A.　24㎠

なんか解き方があったよね！？

ヒポクラテスの定理を使うと簡単！ 今回はその説明もするよ。

解説

① 斜線部分の面積の求め方を考える

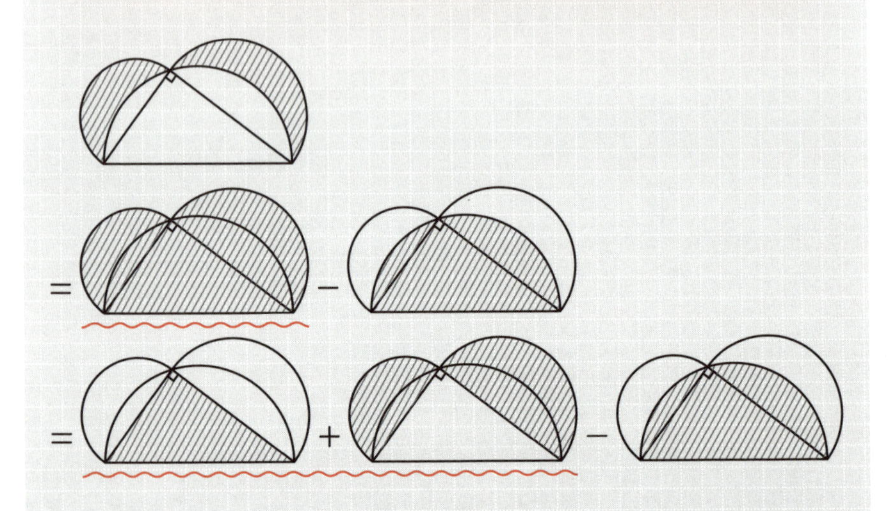

② 面積を計算する

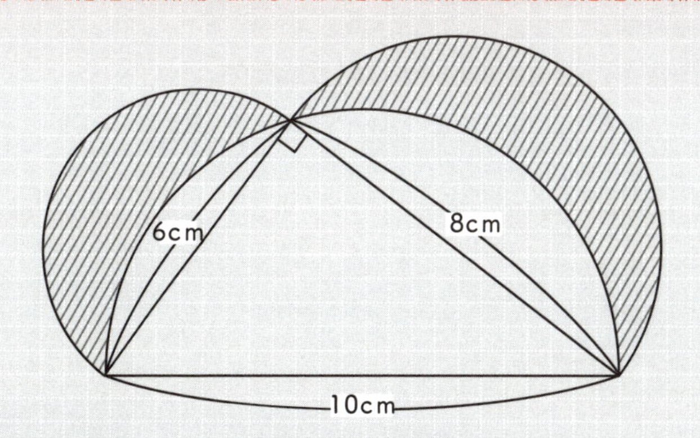

斜線部分の面積＝

直角三角形の面積＋直径6cmの半円の面積＋

直径8cmの半円の面積－直径10cmの半円の面積より、

$6 \times 8 \div 2 + 3 \times 3 \times 3.14 \div 2 + 4 \times 4 \times 3.14 \div 2 - 5 \times 5 \times 3.14 \div 2$

$= 6 \times 8 \div 2 + (3 \times 3 + 4 \times 4 - 5 \times 5) \times 3.14 \div 2$

$= 6 \times 8 \div 2 + (9 + 16 - 25) \times 3.14 \div 2$

$= 24$（㎠）

よって、斜線部分の面積は、6 × 8 ÷ 2 ＝ 24（㎠）

えーっ、3.14の計算は面倒だと思ったけど、結局、直角三角形の面積を求めればよかったんだ！！

そういうこと！ 上の式の（　）の中は必ず0になるよ！

つまり、斜線部分の面積は、直角三角形の面積と等しい。

これをヒポクラテスの定理という。

補足　（　）の中が0になるのは…

斜線部分の面積＝
直角三角形の面積＋直径6cmの半円の面積＋
直径8cmの半円の面積－直径10cmの半円の面積より、

$$6\times8\div2+3\times3\times3.14\div2+4\times4\times3.14\div2-5\times5\times3.14\div2$$
$$=6\times8\div2+(3\times3+4\times4-5\times5)\times3.14\div2$$
$$=6\times8\div2+(9+16-25)\times3.14\div2$$
$$=24\ (\text{cm}^2)$$

三平方の定理より
$a^2+b^2=c^2$ なので、$a^2+b^2-c^2=0$
よって、半円の面積の計算部分で
（　）の中は必ず0になる。

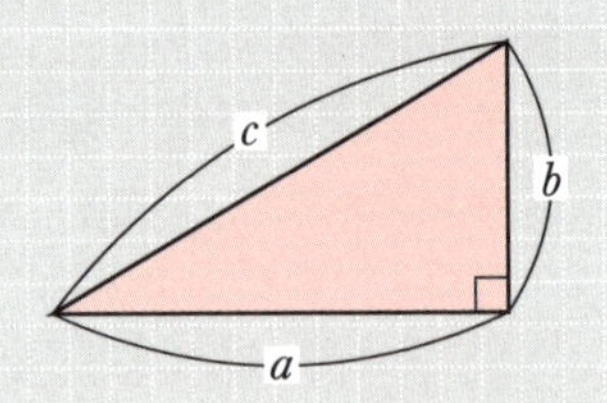

まさしメモ

中学受験で有名な問題でした！
全ての公式や定理に言えることですが、「なぜそうなるのか」
を説明できるようにしておきましょう！
それだけで数学の点数はグッと上がりますよ！

問題 9

不思議な角度の秘密は…？

難易度 ★★★☆☆　気持ちよさ ★★★☆☆

Q.

三角形の面積を求めよ。

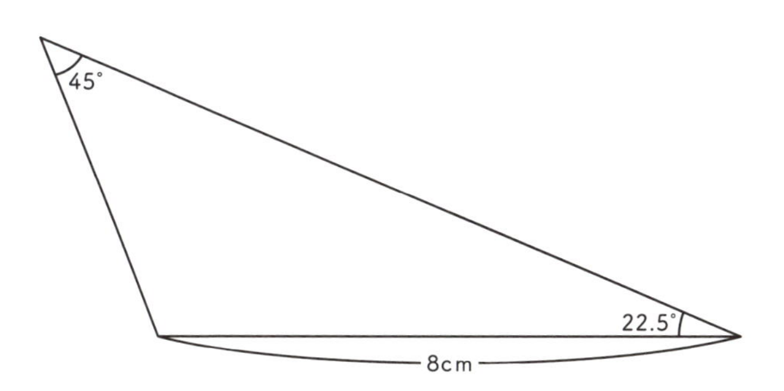

Hint

小数が出てきても焦る必要はありません！
落ち着いて45°に着目し、知っている形の三角形にもっていきましょう！
22.5°＋22.5°＝45°になることに気がつけば、あっという間です！

この発想で解く

「面積を求めるために必要な三角形の高さを求める」
という見通しをもって、問題にある角度をいかしていくことが大事。
角度が小数のときは、使いやすい角度にできないかを考えてみよう。

解けた人は答えをチェック

A. 16㎠

シンプルな問題で、どこから考えたらいいのか…。

45°があるからこれはどうにかしていかしたいよね。

解説

① 直角ができるように補助線をひく

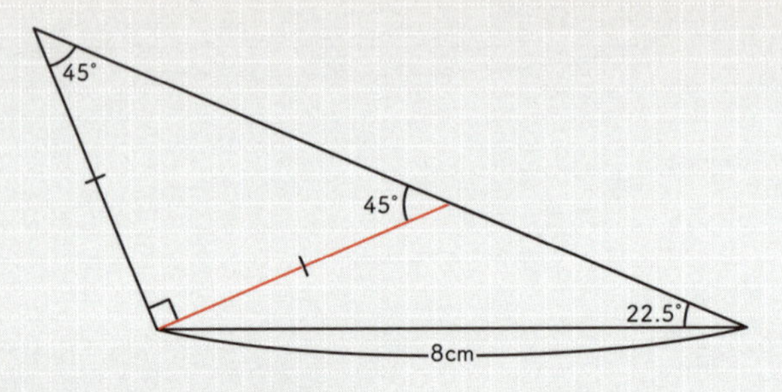

直角ができるように補助線をひく。
左の三角形は、残りの角が45°なので直角二等辺三角形。

② 右下の三角形に着目する

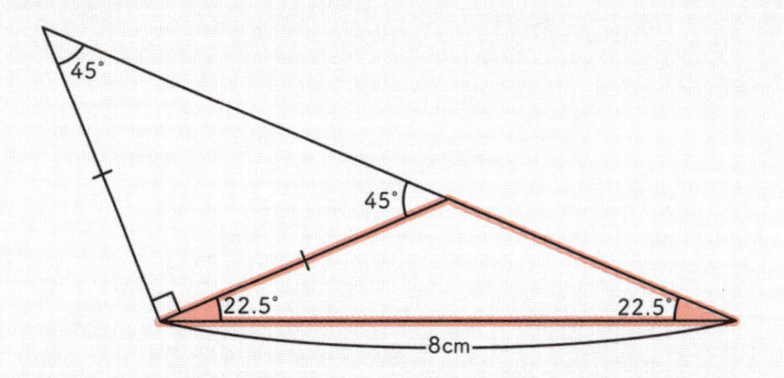

外角の定理から、右の三角形の左側の底角の角度は

45° −22.5° =22.5°

よって、右下の三角形も二等辺三角形である。

どんどん二等辺三角形が生まれる！ ただ、求めたいのは面積だよね？

そうだね。8cmを底辺としたときの高さがわかれば面積を求められるね。

③ 高さに着目する

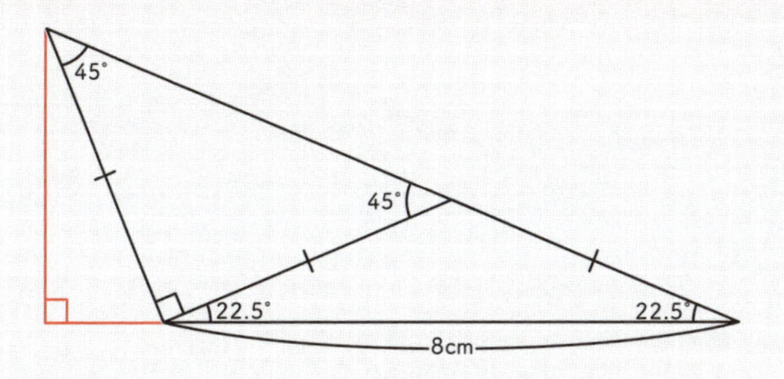

上図のように、大きい三角形の高さを求めるために垂線をひく。

④ 大きい三角形に着目する

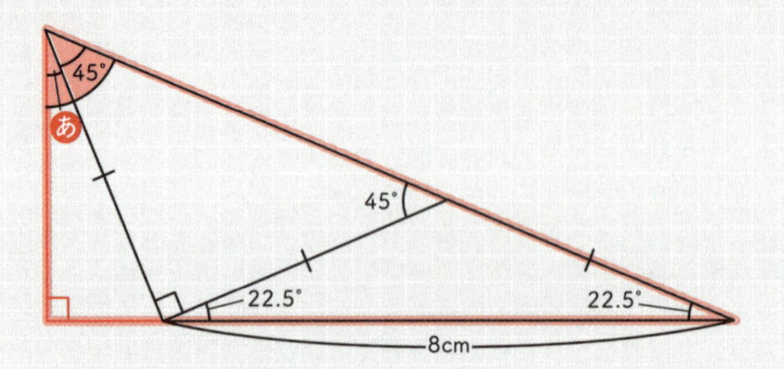

大きい三角形に着目すると、
内角の和は180°なので、
上図の色のついた角度は、
180°－（90°＋22.5°）＝67.5°

よって、あの角度は67.5°－45°＝22.5°

⑤ 右下の二等辺三角形に着目する

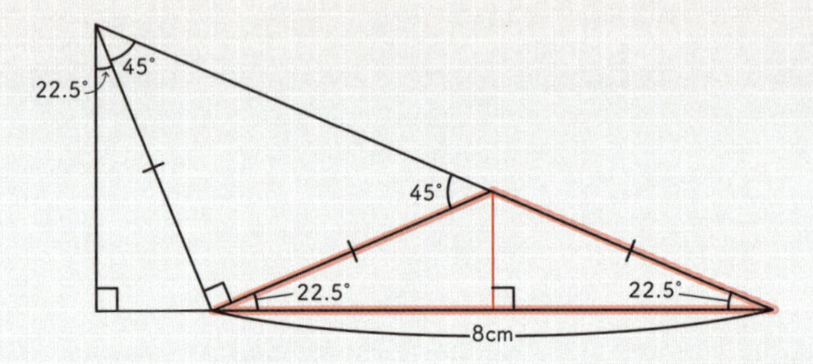

図のように頂点から垂線をひくと、できた2つの直角三角形は「直角三角形の斜辺と1つの鋭角がそれぞれ等しい」ので合同。
対応する辺の長さは等しいので、
2つの直角三角形の下の辺の長さは8cmの半分で4cm

⑥ 2つの三角形に着目する

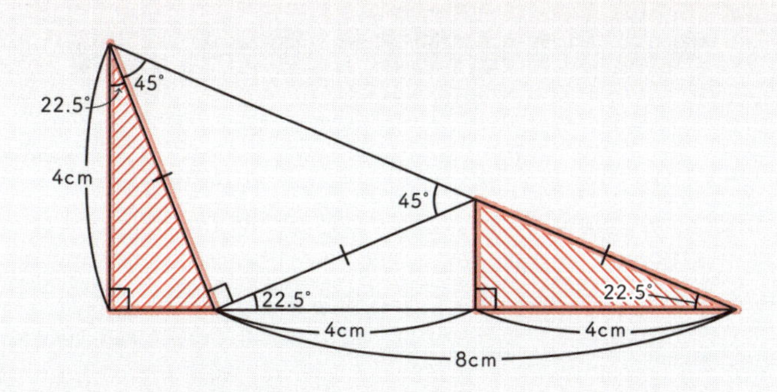

色のついた2つの三角形は
「直角三角形の斜辺と1つの鋭角がそれぞれ等しい」ので、合同。
よって、左側の三角形の1つの辺が4cmとわかる。

⑦ 面積を計算する

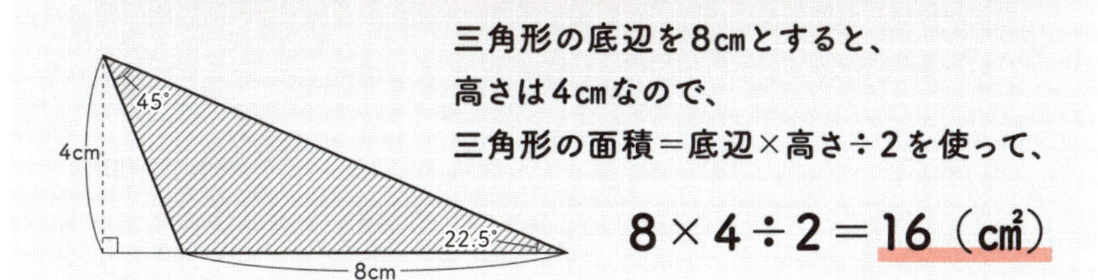

三角形の底辺を8cmとすると、
高さは4cmなので、
三角形の面積＝底辺×高さ÷2を使って、

8×4÷2＝**16（cm²）**

まさしメモ

高さを求めるだけなのに、
結構大変な手順だったと思います！
二等辺三角形の性質や、合同を使う
バリエーションに富んだ問題でしたね！

COLUMN 5

円周率を極限まで求めた人物

円周率は、昔の数学者たちにとって大きな謎でした。コンピューターがない時代、どうやってこの数を求めたのでしょうか？

オランダの数学者ルドルフ・ファン・ケーレンは、「円に近い形を使えばいい！」と考えました。円の内側に正六角形をかくと、その周の長さは円周より短くなります。一方、外側に正六角形をかけば、円周より長くなります。そこで正十二角形、正二十四角形…と増やすと、円周にどんどん近づくのです。この方法で彼は正2^{62}（約461京）角形を使って、円周率を35桁も求めたそうです！

この考え方は、東大の入試問題「円周率が3.05より大きいことを証明せよ」にも使われています。昔の数学者の発想が、今の数学にも生き続けているのは面白いですね（さすが東大と言うべきでしょうか）。

図形問題テクニック完全まとめ

図形問題を解くうえで、意識するとよいことをまとめました。
これを頭にいれておくだけで、図形の見方が変わります。
問題を解くときに自然と思い出せるようにしていこう。

解く前に絶対やろう！

1 わかる情報を、図にかきこむ

- 正方形、二等辺三角形などがある場合、図形の性質からわかることをかきこもう。中点、対角線がヒントになることも。
- 長さの比だけわかる場合は、長さと区別して、①②などとかくのがおすすめ。
- 角度の関係は、「●」や「×」などで示すとわかりやすい。三角形の角度の場合、「外角」を見落とさないようにしよう。

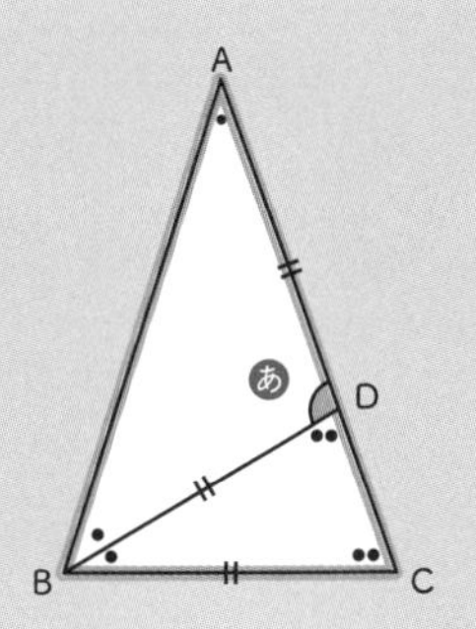

2 どんな三角形か確認する

- 三角形が出てきたときは、どんな三角形か必ず着目しよう。直角は必ず印をつけて。

3 「基本の形」にする

- 「特別な直角三角形」「ブーメラン型」など知識が使える形にするのが基本。問題の図にないときには、補助線をひいていこう。
- 22.5°など角度が小数のときは、倍にして45°にしたり、外角で考えて「よく見る角度」にならないか確認。
- 補助線は問題の中だけでなく、外に広げることも多いので忘れずに。辺を延長して、大きな三角形や四角形を作る場合もある。

図形別！ ここを要チェック！

1 直角三角形

- 「30°・60°・90°」「45°・45°・90°」の組み合わせがないか（作れないか）は絶対に確認しよう。

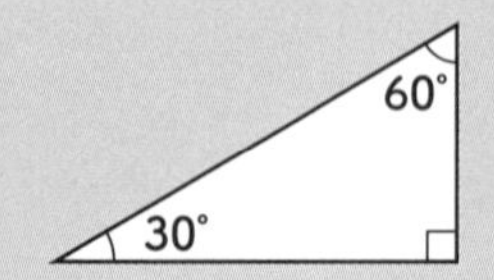

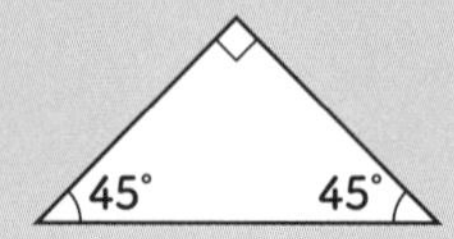

- 90°が問題の図にないときには、垂線をひいて、90°を作ることがほとんど。
- 直角三角形が2つあるときは、合同が隠れていることが多い。
- 2つ合わせると、二等辺三角形が作れることを忘れずに。
- 「円」が隠れていないか注意。

2 三角形（直角三角形以外）

- 三角形の面積を考えるときは、底辺を決めつけず、いくつか試してみよう。底辺を変えると、高さがわかることも。
- 「等積変形が使えないか」、を常に意識。

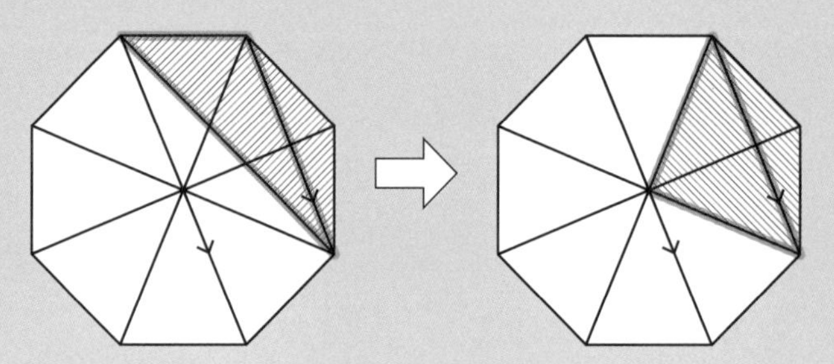

3 円

- まず半径と中心に着目。
- 半径が等しいので、二等辺三角形や合同な図形が隠れていることが多い。

4 正方形

- 合同な図形が隠れていることが多いので、見逃さないようにしよう。
- 対角線をひいたらどうか？を考えるようにしよう。

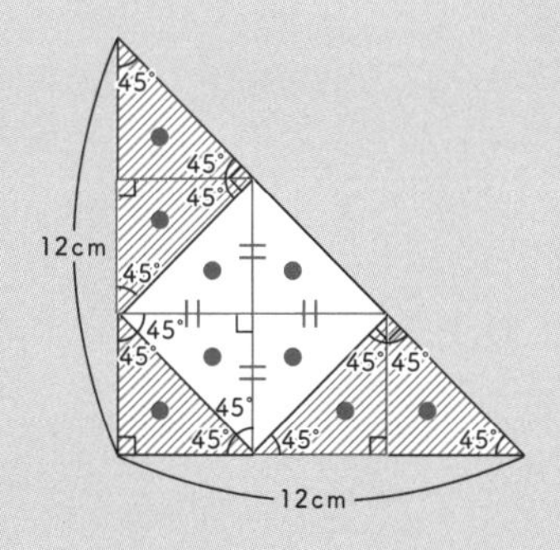

〈 番外編 〉

1 ばらばらの角度の合計は…？

- 図形が2つあるのに離れた位置に角がある場合は、図形を移動させて2つを組み合わせてみるべし。問題の図を使うのではなく、新たに図をかこう。

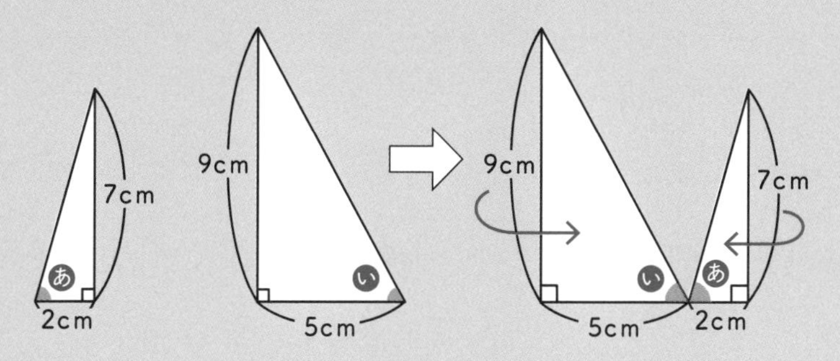

2 ヒントが多いのにわからないときは…？

- まわりの角度や長さが求められているのに、答えだけがわからないときは、方程式を使うことが多い。いくつか式に表して、方程式で解けないか試そう。

3 立体問題のときは…？

- 立体図形は、立体の切り口や展開図を使って平面で考えるのがポイント。

おわりに

「勉強って何のためにやるの?」「何かの役に立つの?」という疑問は、子どものころ誰でも一度はいだいたことがあるのではないでしょうか。人によって答えが分かれるでしょうが、ぼくは「視野を広げるため」だと考えています。

「はじめに」でも少し触れましたが、ぼくは中学生のころまで数学が大の苦手で、テストで40点をとったこともありました。ですが、数学が好きになり、テストの点数が上がるにつれて、「もっと勉強したい!」「もっと数学について知りたい!」と思うようになりました。このように、視野が広がり選択肢が増えることが、勉強の醍醐味だと考えています。

図形問題を解くことも、この「視野を広げること」につながります。例えば、有名な「三平方の定理」は証明方法が100通り以上あります。解は一つなのに、求め方は無数にある……これは数学の美しさの一種ではないでしょうか。近くだけで見るのではなく、少し離れて全体を見ることで、追加したり分解したりすると、いろいろな解法が思い浮かぶことがありますが、まさに視野を広げることだと感じます。この本を通し、図形を見る力を養うだけでなく、日常でも視野を広く物事を見ることにつながれば大変うれしく思います。

この本の問題を実際に解いてみていかがでしたか？

初見では「解けるかこんな難しいの！」と感じた問題もあったかもしれません。ですが、改めて振り返っていただくと、図形問題にはパターンというものがあるとわかります。数学（図形）の成績を上げたい中高生の皆さんは、パターンがつかめるまでくり返し解くことをおすすめします。また、大人の方も忘れたころにもう一度解いて楽しんでみてください。

本書を通して、一問でも「楽しかった」と感じてもらえたなら、それ以上に嬉しいことはありません。数学のハードルが少しでも低くなり、皆さんの生活に良い影響が与えられることを心より願っています。最後までお付き合いいただき、本当にありがとうございました。

まさし

まさし
教育系YouTuber。YouTube登録者数は45万人を超える（2025年4月現在）。大学で数学を学び、塾講師経験を持つ。現在は、「面白いけど何か勉強になる」をテーマに学習ネタを発信している。文系理系ネタの動画のほか、数学の図形問題や勉強方法など、学習に役立つ動画が特徴で、中高生から高齢者まで幅広い視聴者から人気を集めている。
YouTube　@masashi_00_
Instagram　@masashi_00_
TikTok　@masashi_00_

難解に見えるのに超気持ちよく解ける　感動する図形問題

2025年5月2日　初版発行
2025年7月10日　3版発行

著者／まさし

発行者／山下　直久

発行／株式会社KADOKAWA
〒102-8177　東京都千代田区富士見2-13-3
電話0570-002-301（ナビダイヤル）

印刷所／株式会社DNP出版プロダクツ

製本所／株式会社DNP出版プロダクツ

●お問い合わせ
https://www.kadokawa.co.jp/（「お問い合わせ」へお進みください）
※内容によっては、お答えできない場合があります。
※サポートは日本国内のみとさせていただきます。
※ Japanese text only

定価はカバーに表示してあります。

ISBN 978-4-04-607483-6 C0041